Champagne

Histoires d'artisans au cœur des bulles

Violette Kang
강보람

어린 시절부터 좋은 식재료와 맛있는 음식에
깊은 관심을 가지고 자라며, 성인이 된
후에는 음료에 대한 특별한 열정을 품게
되었습니다. 이 열정은 시간이 지나며 세계
각국의 사람들이 무엇을 마시고 그들의
문화가 어떻게 형성되는지에 대한 깊은
호기심으로 발전했습니다.

그러던 중 프랑스를 방문하게 되었고,
샴페인의 매력에 완전히 사로잡혔습니다.
단순히 샴페인 자체뿐만 아니라, 이를
만들어내는 사람들과 그들의 문화에 깊이
매료되었습니다. 이때부터 모든 것을
뒤로하고 샴페인의 세계에 뛰어들기로
결심했습니다. 그들과 함께 생활하며 양조
방법, 포도 재배, 프랑스의 테이블 예절 등
다양한 지식을 익히며, 자신만의 길을 꾸준히
걸어왔습니다.

현재 샴페인 전문가로서 Violette Kang이라는
이름으로 활동하며, 샴페인을 중심으로 미식
문화를 연결하고 있습니다. 샴페인 품질
평가와 추천, 컨설팅에서 탁월한 능력을
발휘하고 있으며, 프랑스에서 샴페인 수출
에이전시인 Belle Amie Paris를 운영하고
있습니다. 또한, 한국 내 샴페인 수입회사인
Belle Amie Seoul도 운영하며, 다양한
파트너들과 협력하고 있습니다.

더 나아가 샹파뉴와 한국의 미식 문화 교류를
위해 미쉐린 셰프들과 협업하여 다이닝
행사를 기획하고, 피아제와 같은 유명 브랜드
행사에서도 샴페인을 소개하며 맞춤형
큐레이션 서비스를 제공하고 있습니다.

샴페인

거품 속에 담긴 장인들의 이야기

Violette Kang
Photo by Jérémie Durand

추천사

제 친구 비올렛의 책에 몇 마디 보탤 수 있게 되어 매우 영광입니다. 샹파뉴 출신으로서, 그리고 샴페인 하우스와 소규모 샴페인 생산자를 사랑하는 사람으로서, 그들이 만든 샴페인이 바다를 건너 새로운 사람들을 만나는 것을 볼 때마다 항상 경이로움을 느낍니다.

비올렛은 제가 샴페인, 특히 소규모 생산자 샴페인에 열정을 가지고 있다는 것을 잘 알고 있습니다. 미슐랭 가이드 3스타 레스토랑 셰프로서의 바쁜 삶 속에서 저에게 가장 소중한 휴식의 순간은 친구들을 만나러 포도밭을 방문하는 시간입니다.

저는 그들과 대화를 나누고, 포도가 자라는 모습을 보고, 와인을 맛보는 것을 무척 좋아합니다. 시즌마다 이루어지는 우리의 만남을 통해 포도밭의 변화를 지켜보는 것은 항상 흥미롭습니다. 샴페인은 그것을 만드는 사람의 영혼을 반영합니다. 그래서 각 샴페인 병은 고유한 존재라고 생각합니다.

이 모든 이유와 더불어, 한국 독자들에게 프랑스의 가장 아름다운 장인 정신을 이렇게 섬세하고 사랑스럽게 소개하는 책이 출간되어 매우 기쁩니다. 이 책은 독자들이 제 고향의 아름답고 독특한 포도밭을 여행하게 해주고, 샴페인의 거장들을 발견하게 도와줄 것입니다.

이 책이 오랜 시간 사랑받기를 바라며, 우리의 우정 또한 오래 지속되기를 바랍니다.

Champagne!

– 아르노 랄멍

라시에뜨 샹프누아즈 셰프, 프랑스 미슐랭 3스타, 랭스

Je suis très honoré de pouvoir livrer quelques lignes au sujet du livre de mon amie Violette Kang. En tant que champenois et amoureux des maisons de champagne ainsi que des champagnes de vigneron, je suis toujours émerveillé de voir le fruit de leur travail traverser les océans à la rencontre de nouveaux palais délicats.
Violette connaît ma passion pour le champagne en général et pour les champagnes de vigneron en particulier. Dans la vie très intense de restaurateur 3 étoiles au guide Michelin que je mène, mes moments favoris de respiration sont mes visites dans les vignes auprès de mes amis.
J'adore plus que tout échanger avec eux, voir la vigne grandir et goûter les vins. Les évolutions au gré des saisons sont toujours captivantes au fur et à mesure de nos rencontres.
Pour toutes ces raisons et bien plus encore, je suis très heureux qu'un tel ouvrage puisse présenter l'un des plus beaux savoir-faire français aux lecteurs coréens, avec autant de finesse et d'amour. Ce livre va leur permettre de voyager dans nos belles et singulières vignes de mon terroir et ils vont découvrir les grandes signatures champenoises.
Longue vie à cet ouvrage et longue vie à notre amitié. Champagne!

— Arnaud Lallement

Chef de L'Assiette Champenoise, France 3 étoiles Michelin, Reims

저는 코로나 시기에 비올렛을 처음 만났습니다. 한 프랑스 기자가 저희에게 샴페인을 주제로 한 잡지를 함께 만들자고 제안했습니다. 주제는 '샴페인 생산자들'이었고, 우리는 이 생산자들을 찾아다니기 시작했습니다. 이 과정에서 모든 분들을 만나는 것이 매우 즐거웠습니다. 참고로, 제 레스토랑에는 대형 샴페인 하우스의 제품이 없습니다.
비올렛과 이야기를 나누면서 우리는 같은 철학을 공유하고 있다는 것을 깨달았습니다. 샴페인을 만드는 사람이 누구인지 아는 것이 매우 중요하다는 점에서 말이죠. 20년 전, 저는 일본에 있었고 그곳에서 소믈리에 관련 책을 많이 읽었습니다. 하지만 그 책들에는 생산자들의 사진이 거의 없었습니다. 샴페인을 만드는 사람이 누구인지 아는 것은 중요합니다. 그 사람을 보면 우리 잔에 담긴 샴페인을 더 쉽게 이해할 수 있기 때문입니다.
샴페인은 우리에게 물리적으로 매우 먼 존재입니다. 하지만 이번 책을 통해 비올렛의 노력 덕분에 여러분은 샴페인의 향을 상상하고 느낄 수 있을 것입니다. 비올렛에게 진심으로 축하의 인사를 전합니다.

— 카즈유키 다나카

레스토랑 라신 셰프, 프랑스 미슐랭 2스타, 랭스

반짝이는 비올렛! (당신을 한마디로 표현하자면 이 말이 가장 적절할 것입니다.) 당신의 성격, 삶에 대한 열정, 나눔의 기쁨, 그리고 유쾌함에서 반짝임이 느껴집니다. 또한, 새로운 재능을 발견하고, 이벤트를 기획하며, 당신의 발견을 다른 이들과 공유하려는 열정이 그 반짝임을 더욱 돋보이게 합니다. 비올렛은 샴페인, 미식, 그리고 샹파뉴 지역을 깊이 사랑하는 사람입니다. 그녀는 미래의 위대한 와인 메이커들을 발굴하는 데 있어 뛰어난 인맥과 깊이 있는 지역 지식을 지니고 있습니다. 비올렛과 함께하는 모든 순간은 유쾌하고 즐거우며, 그녀와 우리의 열정을 함께 나누는 시간이 더욱 소중하게 느껴집니다. 이 책을 통해 독자들이 샴페인의 생동감을 함께 느낄 수 있기를 바랍니다.

— 마틴 잔느

도멘 레 크리에 및 샴페인 때땅제 헤드 소믈리에, 프랑스 랭스

J'ai rencontré Violette durant la période du Covid. Elle m'a demandé de faire des vidéos pour Instagram. À cette époque, un journaliste français souhaitait que nous fassions ensemble un magazine autour du champagne. Le thème était « les vignerons de champagne ». Nous sommes donc partis à la découverte de ces producteurs. C'était super de tous les rencontrer. Mon restaurant n'a pas de grosses maisons de champagne. Au cours de nos discussions avec Violette, nous nous sommes aperçus que nous avions la même philosophie de pensée. C'est important de savoir qui fait le champagne.
J'étais au Japon il y a 20 ans. Là-bas, j'ai lu pas mal de livres de sommellerie. Il n'y avait pas beaucoup de photos des vignerons. C'est important « de savoir qui fait le champagne ». On peut imaginer facilement quand on voit la personne qui fait le champagne, donc on peut comprendre le champagne qui est dans notre verre.
La Champagne est très loin. Vous avez de la chance grâce au travail de Violette pour cette édition. Vous allez pouvoir imaginer et sentir l'odeur de la Champagne. Bravo à Violette!

— Kazuyuki Tanaka

Chef de Restaurant Racine, France 2 étoiles Michelin, Reims

Violette la pétillante ! (C'est ce qui te résume en un mot pour moi.) Pétillante par ton caractère, ta joie de vivre, ton plaisir de partager et ta légèreté. Et pétillante par ta soif de découvrir de nouveaux talents, de créer des événements et de partager tes découvertes. Violette est une amoureuse du champagne, de la gastronomie et de la région champenoise. Elle a un contact privilégié et une connaissance approfondie de la région pour dénicher les grands vignerons de demain. Chaque instant passé avec Violette est empreint de légèreté, et on ne peut qu'apprécier de partager notre passion avec elle. À travers ce livre, venez découvrir l'effervescence de la Champagne.

— Martin Jean

Chef Sommelier, Domaine Les Crayères et Champagne Taittinger, France, Reims

어린 시절부터 주방에서 일해 온 저는 존경하는 셰프들이 무언가를 축하할 때면
샴페인과 함께하는 모습을 보아왔습니다. 하지만 샴페인의 럭셔리한 이미지와 높은 가격
때문에 샴페인은 저에게 쉽게 다가갈 수 없는 동경의 대상이었습니다.
세월이 흘러 제가 셰프가 된 후에도 샴페인과 함께 많은 축하 자리를 가지게 되었지만,
여전히 샴페인은 저에게 럭셔리, 축하, 화려함, 파티, 그리고 값비싼 존재로만
인식되었습니다.
그러던 어느 날 비올렛과 함께 샴페인 행사를 진행하게 되었고, 그녀는 샴페인에
대해 매우 열정적이고 깊이 있는 이야기를 들려주었습니다. 그 후 저는 샴페인을 다른
시각으로 보기 시작했고, 무엇보다도 그것을 만드는 생산자들에게 집중하게 되었습니다.
이후 프랑스 샹파뉴 지역을 자주 방문하면서 샴페인 생산자들을 만나 이야기를 나누게
되었습니다. 그들은 단순히 축하용 술을 만드는 사람들이 아니라, 자신의 모든 것을
쏟아부어 최고의 작품을 만들어내는 장인들이었습니다. 화려함 속에 가려져 있던 그들의
진정성, 열정, 인내, 그리고 최고를 향한 집념은 저에게 큰 자극과 영감을 주었습니다.
이 책은 샴페인에 대한 일반적인 내용을 다루지 않고 샴페인을 만드는 사람들에 대한
이야기를 전합니다. 샴페인의 핵심은 생산자의 철학과 비전, 그리고 열정에 있습니다.
결국 샴페인은 '사람'이라는 것을 전달하고 그들을 소개하려는 것입니다.
남들이 걷지 않은 길을 개척하며 나아갈 수 있도록 그녀를 지지하고 함께해 준 샴페인
생산자들에게 깊은 감사의 마음을 전하며, 이 책에 추천사를 쓰게 되어 영광입니다.
마지막으로 샴페인에 대한 그녀의 사랑과 열정에 깊은 찬사를 보냅니다.

— 서현민

레스토랑 알렌 셰프, 한국 미슐랭 2스타, 서울

Having worked in the kitchen since I was young, I have always seen the chefs I admire celebrating with champagne. However, due to champagne's luxurious image and expensive price, it was always an object of admiration that I could not easily approach. Twenty years later, as I became a chef, I naturally celebrated many occasions with champagne. But champagne still remained in my mind as a symbol of luxury, celebration, glamour, parties, and expensive things.

Then one day, I attended a champagne event with Violette, who passionately shared many in-depth stories about champagne. After that, I began to see champagne from a different perspective and focused on the producers who make it.

After visiting Champagne, France frequently, I met and talked with many champagne producers. I realized that they are artisans who pour their hearts into creating the best work, rather than just a drink for celebration. Their sincerity, passion, perseverance, and dedication towards excellence gave me great inspiration.

This book does not focus on the usual information about champagne, but rather about the people who make it. The essence of champagne lies in the producers' philosophy, vision, and passion. Ultimately, it aims to convey the message that it's all about the people behind it, and introduce them to the readers.

As Violette works closely with Champagne producers in the region, she will be able to vividly tell their stories, and the culture of champagne to Korean readers.

I am honored to write a recommendation for this book, which was written as a tribute, an expression of gratitude to her friends, and champagne producers who supported, and accompanied her as she pioneered a path that others have not walked.

Finally, I applaud her love, and passion for Champagne.

— Allen Suh

Chef of Restaurant Allen, Korea 2 Michelin Stars, Seoul

이 아름다운 책, 한국어로 된 첫 번째 샴페인 전용 도서 출간을 축하드립니다, 비올렛. 당신의 끊임없는 열정에 깊이 감사드립니다. 소규모 샴페인 생산자들의 세계를 탐험하며 보여준 당신의 세심함과 존경심을 저는 확실히 증언할 수 있습니다. 진심을 담아, Etienne Calsac.

– 에티엔 칼작
Champagne Etienne Calsac

샴페인에 열정을 가진 모든 이들에게 비올렛은 친숙한 얼굴이 되었습니다. 장인들과 소규모 생산자들의 작업에 대한 그녀의 열정과 깊은 존경심은 그녀가 이 지역의 와인을 맛보고 발견하는 데 있어 신뢰받는 동반자가 되게 했습니다. 비올렛의 열정이 이 책 속에서 결실을 맺는 모습을 보게 되어 매우 기쁩니다. 이 책은 비올렛이 샴페인의 본질을 탐구하고 나누기 위해 수행한 작업의 진정한 완성이라고 할 수 있겠습니다.

– 호뱅 랑팡
라 르뷔 드 뱅 드 프랑스 저널리스트

비올렛, 샴페인에 대한 책을 집필한 것을 진심으로 축하드립니다. 한국어로 첫 번째 책을 쓰기 위해 기울인 당신의 노력에 깊은 감사를 표합니다. 당신의 교육적인 접근 방식, 명확한 설명, 그리고 소규모 샴페인 생산자들에 대한 깊은 지식은 이 책의 가치를 크게 높이리라 생각합니다. 특히 당신의 친절함과 우리의 작업을 이해하려는 의지는 매우 인상적이었습니다. 이 책이 한국의 독자들에게 큰 영감을 줄 것이라고 확신하며, 다시 한번 축하의 인사를 전합니다.
진심을 담아, Fred.

– 프레데릭 사바
Champagne SAVART

Félicitations Violette pour ce magnifique ouvrage, le premier dédié au champagne en langue coréenne. Merci pour ton infatigable passion, je peux témoigner de l'attention et du respect avec lesquels tu as exploré l'univers des champagnes de vignerons. Avec toute mon amitié, Etienne Calsac.

— Etienne Calsac
Champagne Etienne Calsac

Pour tous les passionnés de champagnes qui arpentent la région au fil des rencontres et des dégustations, Violette est devenue un visage familier. Avec son enthousiasme et sa grande estime pour le travail des artisans et des vignerons, elle est une complice estimée lorsqu'il s'agit de déguster et de faire découvrir les vins de la région. Quel plaisir de voir sa passion prendre forme dans cet ouvrage, véritable aboutissement du travail effectué par Violette pour explorer - et partager - ce qui fait le « sel » de la Champagne !

— Robin Lenfant
Journaliste pour la revue La Revue du Vin de France

Bravo à toi, Violette, pour ton livre sur le champagne. Tu as su t'investir pour écrire ton premier ouvrage en coréen. Ton approche pédagogique, la clarté de tes explications ainsi que ta grande connaissance des champagnes de vignerons ont grandement contribué à l'intérêt de ton ouvrage. J'ai particulièrement aimé ta gentillesse et ta volonté de comprendre notre travail. Je tiens à te féliciter pour ce livre qui va éclairer tous nos amis coréens. Bravo à toi.
Cordialement, Fred.

— Frederic Savart
Champagne SAVART

차례

Avant - propos

샴페인을 원해요 "Champagne! S'il vous plait"

지난 몇 년간 무엇인가에 홀린 것처럼 끊임없이 와이너리를 찾아다녔다. 눈에 보이지는 않지만 나를 또 다른 세계로 이끌어가는 그 어떤 것을 운명이라고 한다면, 분명 샴페인은 나에게 운명이었다. 무엇이 나를 그토록 샴페인에 빠지게 만들었을까?

다른 이들이 흥미롭게 읽었을지도 모르는 와인 책들이 내 눈에는 쉽사리 들어오지 않던 시절이 있었다. 와인을 마시며 그에 관한 담소를 나누다 보면 와인에 관한 지식을 얻을 수 있었지만, 그것만으로는 충분하지 않다는 느낌이 들었다. 결정적 순간은 프랑스에 본격적으로 정착하기 전 3개월간 머물렀던 집주인에게서 매그넘 샴페인을 선물 받았던 그 순간, 그리고 처음 방문했던 와이너리에서의 경험이었다.

요즘은 인터넷을 이용해 쉽게 정보를 찾아볼 수 있다. 그리고 이 정보를 통해 공부하는 사람들이 많다. 반면, 나처럼 직접 경험으로 익히는 경우가 있다. 직접 경험하면서 많은 시행착오를 거쳐 단단해져 오늘날까지 왔다. 돌이켜 보면, 누군가가 정보를 주거나 시행착오의 경험담을 들려주었더라면, 혹은 관련된 책을 접할 기회가 있었더라면 더 좋았을 것이라는 생각이 든다. 그래서 이렇게 나의 경험을 글로 풀어내게 되었다.

처음 방문한 와이너리는 모든 것이 생소해 기억에 남지 않았다. 하지만 좋은 것도 자주 접해야 그 가치를 알아볼 수 있듯이, 몇 번 방문하고 나니 모든 것이 새롭게 보이기 시작했다. 생산자가 나를 보며 흙을 한 줌 가득 퍼 올리더니 그 흙에 대해 설명하기 시작했다. 그때

마주친 그의 반짝이는 눈빛은 세월이 흐른 지금도 생생히 기억난다.

그는 지하 저장고Cave로 내려가 오크통에서 1차 발효 중인 샴페인을 꺼내, 앞으로의 제조 계획을 상세히 설명해주었다. 그것만으로는 부족했는지 병입된 샴페인까지 꺼내어 시음하며, 어느새 세 시간이 넘도록 샴페인에 관한 이야기를 나누었다. 그의 철학과 샴페인을 향한 열정에 깊이 매료된 나는 파리로 돌아온 뒤로도 틈만 나면 그곳으로 향했고, 어느새 일주일에 4일은 샹파뉴의 생산자들과 어울리게 되었다.

당시 나는 전문가도 아니었고 프랑스어도 서툴렀다. 그럼에도 그들이 나를 환영하고, 함께 시간을 보내며 애정 어린 대화를 나눠준 것은 결코 쉬운 일이 아니었을 것이다. 어쩌면 샴페인에 빠지게 된 계기가 샴페인 자체에 대한 열정이라기보다는 나를 향한 그들의 눈빛과 샴페인을 만드는 그 사람들의 철학과 열정에 매료되었기 때문일지도 모르겠다. 그렇게 몇 년을 보내고 나니 이제는 눈을 감아도 샹파뉴의 지도가 그려지고, 양조 과정을 생생하게 읊어낼 수 있는 지경에 이르렀다.

샴페인과 함께한 지난 세월은 화려하고 아름다웠으며 즐겁기도 했지만 그래서 더욱 외롭고 치열했는지도 모르겠다. 샴페인으로 인해 행복했으며 샴페인으로 인해 슬프기도 하였다. 샴페인을 만드는 생산자들의 삶 역시 화려하기만 할 것 같지만, 그들의 삶은 고독하고 외로우며 누구보다 치열하다. 한 병의 샴페인이 나오기까지 그들은 많은 시간을 기다리곤 했는데 나 또한 그 시간을 온 마음을 다해 함께했다.

매일은 아니었지만, 일주일에 서너 번이니 거의 매일이라고 표현할 수 있지 않을까?

정신이 혼미해지고 감정적으로 행동하게 되며 함께 있어도 그리운 것이 사랑이라고 한다면, 나의 사랑의 대상은 샴페인을 만들어내는 그들이 아니었을까? 수많은 유명 브랜드의 샴페인을 뒤로하고 이들과 함께하고 있는 이유는 앞서 말한 것처럼 생생하게 전달되는 그들의 철학과 삶에 공감하기 때문이다. 나에게 샴페인은 단순한 음료가 아니라 그들의 삶을 예술로 승화한 모습이라고 표현할 수 있다.

앞서 이야기한 와인 생산자들을 Vignerons(비뉴홍, 포도를 재배하고 직접 양조까지 하는 사람)이라고 부른다. 프랑스에서는 Artisans vignerons예술가 생산자라고도 한다. 한국에서는 종종 RMRécoltant-Manipulant이라고 불리는 경우가 많은데, 이는 잘못된 정보에서 비롯된 오류이다.

AOC 정의에 따르면, 자신이 재배한 포도로만 샴페인을 만드는 경우 RM, 타인이 재배한 포도로 샴페인을 만드는 경우 NMNégociant-Manipulant으로 나뉜다. 여기서 오류가 생기는데, NM을 무조건 떼땅제, 크룩, 모엣샹동 같은 기업 생산자로만 인식하여 비뉴홍을 RM이라고 결론짓는 것이다. 앞서 언급한 대규모 회사들은 NM으로 분류되지만, 메종Maison 혹은 그랑메종Grande Maison이라고 불린다. 또 비뉴홍도 생산량의 부족으로 또는 자신의 개성을 다르게 표현하기 위해 비슷한 철학을 가진 곳에서 포도를 구매해 샴페인을 만들기도 한다.

예를 들어, 이 책에서 소개되는 셀로스, 프레데릭 사바, 아마리 보포, 베레슈 에 퓌스SELOSSE, FREDERIC SAVART, AMAURY BEAUFORT, BERECHE & FILS 등은 규정에 따르면 NM으로 분류된다. 프랑스나 유럽에서는 비뉴홍이라는 표현을 사용하는 반면, 한국에서는 앞서 언급한 샴페인들을 마시고, 시음하고, 교육하면서도 RM 샴페인이라고 강조하는 오류를 범한다.

이 책을 접한 사람들은 이제 당당하게 Vignerons비뉴홍이라고 말해보자!

예술가!
그들에게 샴페인은 그냥 와인이 아니라
자신들의 세월이 녹아있는 작품인 것이다.

어느새 샴페인과 함께 지내온 지 8년이 지났다. 그동안 우리가 알지 못하는 새로운 영역이 등장하기도 하고 또 다른 영역이 발전하기도 하였다. 진정성이라는 키워드가 프랑스 와인의 흐름을 바꾸고 있으며, 샴페인에서는 흐름을 바꾸는 개척자 정신이 시장의 판도를 변화시키고 있다. 현재 샴페인 생산자들은 KRUG, MOËT & CHANDON 등 메종 샴페인에 빌려줬던 포도밭을 되찾거나 그들에게 포도를 판매하던 것을 멈추고, 자기들만의 샴페인을 만들어내는 새로운 혁명의 여명기에 있다.

AOCAppellation d'Origine Contrôlée는 오랫동안 프랑스 와인의 양조 기술과 노하우, 특히 샴페인의 필수적인 요소로 자리매김해 왔다. 이는 전 세계 시장에서 고급스러운 이미지를 유지하며 오랜 시간 찬사를 받아왔다. 그러나 현재는 프랑스 생산자들을 보호하기 위해 시작된 AOC만으로는 급변하는 세계 시장에 대응하기에 역부족인 상황이다. 소위 0.01%에 해당하는 최고급 샴페인은 자리를 지키는 데 어려움이 없겠지만, 일반 샴페인들은 치열한 시장 경쟁을 고려하지 않을 수 없는 현실이다. 프랑스의 다른 지역보다 포도 재배와 양조 과정이 더욱 엄격하게 관리되는 샹파뉴 지역은 해마다 이로 인한 고통스러운 영향을 받을 수밖에 없다.

그렇기에 더욱 예외적인 특별함이 존재한다. 예술가를 꿈꾸는 재능 있는 샴페인 생산자들과 자연이 아름다움을 과시하는 이곳 샹파뉴는 현재 유기농으로 발 빠르게 전환하고 있다. 단지 유기농으로 전환하는 것 뿐만 아니라 샴페인 병에 부착되는 에티켓부터 양조 과정이나 포도의 품종까지 다양한 변화가 이루어지고 있다. 하지만 이러한 변화는 소비자가 쉽게 체감하기 어려우며, 전문가들에게도 새롭고 흥미로운 사실로 다가오고 있다.

국내에서는 안타깝게도 프랑스 와인 서적 중 샴페인에 관한 정보가 극히 일부이거나, 오래된 정보로 현재 상황과 맞지 않는 책들이 많다.

승효상 건축가의 말을 빌리자면, "삶의 실체를 그려야 하는 건축가에게 가장 유효한 건축 공부 방법이 바로 여행이다. 땅을 보지 않으면 환상만 남게 되니, 현장을 직접 보지 않고는 건축이 이룬 시간의 결을 체득할 수 없다."라고 한다.

와인도 보이지 않는 삶의 실체와 몇백 년의 세월을 그려내고 있으므로 와인을 알기 위해서는 와이너리를 여행하는 것이 가장 좋은 방법이다. 현장을 방문하지 못한다면, 양조자들과 잠시라도 시간을 보낼 수 있다면 정말 놀라운 경험을 할 수 있을 것이다. 하지만 그마저도 먼 거리 때문에 쉽게 접하기 어려운 실정이다.

샴페인을 모르는 비전문가와 애호가들 그리고 심지어 전문가들과도 이야기를 나누다 보면 이런저런 아쉬움이 남을 때가 많았다. 당연히 샴페인을 모르는 사람들에게는 생소하고 어렵게 느껴지겠지만, 애호가나 전문가들이 현지 사정에 대해서는 모른 채 단지 맛에 관해서만 토론하거나 테크닉적인 부분에만 집중하는 모습은 샴페인을 온전히 받아들이는 데 적합하지 않다는 생각이 들었다.

그렇기에 나는 이 책에서 샹파뉴 예술가들의 일상을 공유하고 그들의 철학을 더욱 깊이 다루려고 한다. 가끔은 그들과 나눈 대화가 주제가 되기도 하고 이곳의 생활에 관한 이야기도 있기는 하지만, 꼭 알고 넘어가야 하는 기본적인 정보도 포함되어 있으니 설령 샴페인을 모르더라도 두려워하지 않아도 된다. 이 책은 '와인의 지식이 전혀 없거나 혹은 이미 와인을 즐기는 독자에게, 와이너리의 모습을 생생하게 전달하고 과거와 현재 샹파뉴의 상황과 시장의 흐름을 온전히 전달할 방법은 무엇일까? 어떻게 하면 수많은 갈증을 해소할 수 있을까?'라는 고민에서 시작되었기 때문이다.

그래서 샴페인에 대한 이론적인 내용보다는 생산자들의 이야기를 더욱 중점적으로 전달하고자 한다. 이것이 누구나 샴페인에 빠져들 수 있는 마법의 문이 될 것이며, 내가 그랬듯이 샴페인을 통해 새로운 세계로 빠져들 수 있게 할 것이다. 혹시 지금, 마법의 문을 열기 전에 샴페인 한 잔이 생각나는가?

그렇다면 다음과 같이 말해 보자.

"Champagne! S'il vous plaît."

제1장.

샴페인의 역사

샴페인이란 무엇인가

어느 날, 누군가의 소개로 알게 된 지인이 나에게 말했다. "어머, 샴페인 관련 일을 하세요? 저는 샴페인을 좋아해서 샴페인만 마셔요." 알고 보니 그녀가 말한 샴페인은 까바나 프로세코였다. '당신이 마시는 건 샴페인이 아닙니다.'라고 말하려다가 그만두었다. 가끔 그때를 생각한다. 만약 그때 '당신이 말씀하신 것은 샴페인이 아닙니다.'라고 말했다면 그녀는 이를 받아들였을까?

'샴페인'은 샹파뉴에서 나오는 스파클링 와인을 말하며, 이는 AOC l'Appellation d'Origine Contrôlée를 통해 규제와 보호를 받는다. 샹파뉴의 북쪽에 위치한 랭스에서 130km/h의 속도로 고속도로를 달리면 1시간 30분 후 남쪽에 있는 오브Aube에 도착하게 된다. 이곳은 한때 부르고뉴령이었으나 20년의 내전 끝에 1927년 샹파뉴령으로 통합되었다. 끔찍한 위기 이후 포도가 과잉 생산되면서 가격 폭락이 몇 년 동안 지속되었다. 문제를 해결하기 위해 1934년 기구설립 제안이 있었고, 1927년부터 요청된 법률이 수락되면서 1936년 6월 29일에 AOC가 시작되었다. AOC 규제가 없었을 때는 프랑스 내 다른 지방 또는 다른 나라에서 만든 스파클링 와인도 샴페인이라는 이름으로 출시되었지만, 규제 이후에는 오직 샹파뉴에서 생산된 스파클링 와인만이 샴페인이라는 이름을 사용할 수 있게 되었다. 실제로 까바는 100년 이상 샴페인이라는 이름으로 출시되었지만, 규제 이후에는 그럴 수 없게 되었다.

- 스파클링 와인: 샴페인Champagne
- 스틸 와인(레드, 로제, 화이트): 코토 샹프누아Coteaux Champenois

• 로제 와인: 로제 데 리세Rosé des Riceys

코토 샹프누아Coteaux Champenois와 로제 데 리세Rosé des Riceys는 모두 스틸 와인인 로제를 포함하지만, 그 분류가 다른 이유가 있다. 로제 데 리세는 샹파뉴에서도 레 리세Les Riceys 지역Ricey-Haut, Ricey Haut-Rive, Ricey-Bas에서만 최고의 해에 소량으로 생산되며, 일반적인 로제와 달리 만드는 방식도 더욱 특별하다. 100% 피노 누아로 만든 와인으로, 타닌이 없는 레드와인에 가깝다고 생각하면 이해하기 쉬울 것이다.

샴페인은 어떻게 만들어지는가?

포도 수확 시기에 압착한 포도는 첫 번째 알코올 발효를 거쳐 발포성이 없는 'Tranquille'라 불리는 화이트 와인으로 변한다. 이 과정에서 효모는 포도에 있는 포도당을 먹고 알코올과 이산화탄소를 공기 중으로 배출한다.

봄이 시작되면 샴페인 양조자들은 선택의 순간을 맞이한다. 자연적으로 젖산발효를fermentation malolactique, FM를 할 것인지, 박테리아를 추가할 것인지, 아니면 젖산발효를 하지 않도록 제어할 것인지를 결정해야 한다. 젖산발효를 하는 이유는 사과산이 와인에 남아있으면 산도가 과하게 느껴져 날카로운 맛을 주기 때문이다. 젖산발효를 통해 와인은 둥글고 부드럽게 변한다. 따라서 마시기 편한 와인이나 부르고뉴 포도주처럼 부드러운 느낌을 주는 경우 젖산발효를 하는 경우가 많다. 그러나 샴페인 양조자들이 샴페인의 특성을 어떻게 표현하고 싶은지에 따라 선택이 달라지기 때문에, 무엇이 더 좋고 나쁜지는 정해져 있지 않다.

단지 누군가는 젖산발효를 원하고, 스타일에 따라 원하지 않는 사람도 있을 뿐이다. 몇 년 전만 해도 많은 샴페인 양조자들이 젖산발효를 선호했지만, 현재는 산도를 중요하게 생각하는 생산자들이 많아지면서 젖산발효를 하지 않는 비율이 늘고 있다.

그다음, 일반적으로 세심하게 필터링하거나 와인을 안정시키기 위해 약간의 아황산염sulfite을 추가한다. 이 과정을 거친 화이트 와인은 샴페인 지역에서 '뱅 클레르Vin clair'라고 불리며, 두 번째 발효를 위해 병에 담기는 작업을 '티라주Tirage'라고 한다. 티라주 작업 시 효모와 당분을 넣어 두 번째 발효가 일어나게 된다. 두 번째 발효가 진행되면서 생성된 이산화탄소는 병 입구를 막고 있어 병 밖으로 빠져나가지 못하고 와인에 녹아들어 병 안의 압력이 자동차 타이어 압력의 3배인 6바bar까지 올라간다.

이 병들은 최소 2년 혹은 더 오랜 기간 저장고에서 숙성되며, 최종적으로 죽은 효모 침전물을 제거하는 '데고르주멍Le dégorgement'을 거친다. 이때 샴페인 양조자의 스타일에 따라 리큐어에 당분을 첨가하거나 첨가하지 않을 수 있다. 19세기에는 단맛이 나는 샴페인을 선호했지만, 오늘날에는 당분을 추가하지 않는 추세다. 그러나 소량의 당분이 샴페인의 매력을 극대화한다고 생각하는 양조자들도 많아, 옳고 그름은 없으며 양조자의 철학과 방법에 따라 달라진다.

당분의 농도에 따라 샴페인은 브뤼 나튀르Brut nature, 제로 도사주, 엑스트라 브뤼Extra brut, 브뤼Brut 등으로 나뉜다. 이에 대한 자세한 설명은 후반부에서 다시 언급하니 천천히 이 글을 읽어 내려가길 바란다.

샴파뉴의 7가지 포도 품종을 아시나요?

Les Cépages

샴페인은 다른 지역보다 포도 품종/떼루아가 서로 잘 맞고 매칭이 되는 것을 선호한다. 이곳에서 자라는 포도 품종을 언급하지 않고는 샴페인의 떼루아를 설명할 수 없는 것처럼, 샴페인의 포도 품종에 관해 이야기하지 않고는 그 포도 품종이 잘 자라는 떼루아에 대해 이야기할 수 없다.

한국의 샴페인 열풍은 다른 나라들에 비해 늦게 시작되었다고 볼 수 있다. 몇 년 전부터 급격하게 수입이 활발해지고 소비량도 늘어났지만, 전달되지 않거나 오류가 있는 정보들 역시 많다는 것을 인정해야 한다. 그중 대표적인 것은 포도 품종을 가지고 어떻게 양조하는가에 대한 부분이다.

샴페인은 크게 "블랑 드 블랑Blanc de Blanc"과 "블랑 드 누아Blanc de Noir"로 나뉜다. 블랑 드 블랑은 껍질이 흰색 또는 청색을 띠며, 껍질을 벗겨도 흰색인 포도(청포도와 비슷)를 사용한다. 블랑 드 누아는 겉면이 검붉고 우리가 일반적으로 아는 보랏빛 포도처럼 생겼지만, 껍질을 벗기면 흰색이 되는 포도를 의미한다.

이를 위해 샴파뉴에서 가장 많이 재배되는 세 가지 포도 품종을 소개하려고 한다. 블랑 드 누아에는 피노 누아Pinot Noir와 피노 뫼니에Pinot Meunier가 포함되며, 블랑 드 블랑에는 화이트 품종인 샤르도네Chardonnay가 있다. 나머지 4가지 품종은 아흐반Arbane, 쁘띠 뫼지에Petit Meslier, 피노 블랑Pinot Blanc, 피노 그리Pinot Gris인데, 피노 그리는 프로멘토Fromenteau라고도 한다. 이 4가지 품종은 모두 블랑 드 블랑에 속하는 화이트 품종이지만, 극소량 생산된다.

샴페인은 적포도 품종을 사용해 화이트 와인으로 양조하는 비율이 70%나

된다. 부르고뉴 지방은 피노 누아로 레드 와인을 생산하지만, 샹파뉴는 같은 품종을 사용해 화이트 스파클링 와인을 만든다. 물론 피노 누아로 레드 와인과 로제 와인을 만들기도 하지만, 레드 품종으로 화이트를 생산하는 것은 작은 마법과 같다.

대표적인 3개 품종

Les Cépages

• 피노 누아 PINOT NOIR

피노 누아는 지역에 따라 누아리엉Noirien, 오베르나Auvernat 또는 모리용Morillon이라고도 불리는 오래된 품종이다. 부르고뉴에서 레드와인을 만드는 품종으로 유명하며, 샴페인에서도 오랫동안 레드와인으로 생산해 왔다. 16세기 중반부터 이 품종으로 화이트 와인을 생산하기 시작했다. 피노 누아는 매우 까다로운 포도 품종으로, 깨지기 쉽고 지속적인 주의가 필요하며 숙성 시간이 오래 걸린다. 하지만 피노 누아는 "고귀한" 포도 품종 중 하나로 시간이 지나야 그 매력을 발산하지만 그만큼 매력적이다.

• 피노 뫼니에 PINOT MEUNIER

피노 뫼니에라는 이름은 포도 잎 아래에 밀가루처럼 보이는 흰색 솜털이 있어서 붙여진 이름이다. 그러한 외형적 특성으로 인해 늦은 봄부터는 햇살에 반짝이는 피노 뫼니에 잎을 쉽게 발견할 수 있다. 이 포도 품종은 16세기부터 알려져 왔으며 피노 누아보다 조금 늦게 싹이 트기 때문에 서리와 쿨뤼르에 덜 민감하다. 그래서 샹파뉴에서는 발레 드 라 마른처럼 일조량이 적고 건조하며 서늘한 곳에서도 잘 견딘다는 장점으로 인해 생산자들의 사랑을 받는다. 오래전에는 피노 누아의 명성에 밀려 샤르도네와 피노 누아를 연결해 주는 역할을 하거나 블렌딩하는 데 많이 쓰였지만, 오늘날에는 단일 품종으로도 훌륭한 고급 샴페인을 생산할 수 있다는 것을 보여주고 있다.

• 샤르도네 CHARDONNAY

샤르도네는 오랫동안 화이트 와인을 만드는 데 사용됐지만, 과거에는 레드 품종인 피노 누아와 피노 뫼니에보다 열등하다는 평가를 받았다. 이는 샹파뉴에서 스틸 와인인 레드와인이 먼저 시작되었고, 그로 인해 샹파뉴의 와인이 명성을 얻었기 때문이다. 샹파뉴에서 스파클링 와인이 등장하기 전에는 현재 그랑 크뤼 마을이 밀집된 코트 데 블랑Cote des Blancs은 언급조차 되지 않았다. 샹파뉴에서 스파클링 와인 생산이 필록세라 이후에 시작되었고, 그전에는 샤르도네가 존재하지 않았다. 샹파뉴에서 가장 많이 재배되는 백포도 품종은 피노 블랑과 피노 그리(프로멘토)였다. 하지만 시간이 지나면서 샤르도네가 그 자리를 차지하게 되었다. 오늘날 모노 크뤼의 블랑 드 블랑은 우아하고 위대한 그랑 크뤼 샤르도네를 자랑한다.

기타 품종들

Les Autres

기타 품종이라고 썼지만, 이 품종들은 현재 그리고 미래에 샹파뉴에서 가장 주목하고 있고, 주목해야만 하는 중요한 품종이라고 할 수 있다. 앞서 샹파뉴는 레드와인을 먼저 생산했다고 언급하였는데, 샹파뉴에서는 스틸와인이 먼저 명성을 얻으면서 레드 품종이 선호되었다. 그래서 화이트 품종이었던 이 4개 포도 품종은 선호도가 밀려나면서 자연스럽게 생산이 줄어들었다가 다시 생산을 늘리고 있는 상황이다.

• 피노 블랑 Pinot Blanc

피노 블랑은 19세기 말까지 피노 뫼니에, 샤르도네 두 가지 부르고뉴 화이트 품종과 함께 샹파뉴에 심어졌다. Aube 지역의 대표적인 품종으로, 온난화로 기온이 상승하며 점점 재배 범위가 넓어지고 있다. 샴페인 병 라벨에서 흔히 볼 수 있는 'Blanc de Blanc'을 100% 샤르도네로 만든 샴페인이라고 인식하기 쉬운데 아닐 때도 있다. 때로는 피노 블랑과 블렌딩 되거나 100% 피노 블랑으로 만들어진 때도 있다. 백포도 품종으로 만들었기 때문에 이럴 때도 블랑 드 블랑이라고 표현한다.

• 쁘띠 뫼지에 Petit Meslier

쁘띠 뫼지에는 전통적인 샹파뉴 포도 품종으로, le gouais와 le savagnin의 자연 교배를 통해 탄생했다. 고온에서도 산도를 유지하는 장점이 있지만, 병충해에 취약해 수확량이 적고 접목이 잘 안 된다. 그러나 최근 들어 생산을 시도하는 와이너리가 늘고 있다. 블렌딩을 넘어 100% 쁘띠 뫼지에로 샴페인을 생산하는 와이너리도 생겨나고 있다.

- **아흐반 Arbane**

아흐반은 오브Aube와 샴페인Champagne에서 유래된 매우 오래된 포도 품종이다. 잊혀 가던 품종이지만, 몇몇 생산자들이 재배를 지속하며 샴페인 또는 Coteaux Champenois Blanc을 생산하고 있다. 작은 크기의 달콤한 열매로, 일조량이 많이 필요해 수확을 늦게 한다. 높은 당분 덕분에 알코올이 풍부하고 우아한 꽃향기와 매력적인 산도를 자랑한다.

- **피노 그리/프로멘토 Pinot Gris/Fromenteau**

피노 그리는 부르고뉴 출신 피노 누아의 돌연변이로 발생한 회색 포도 품종이다. 주로 알자스와 루아르에서 재배되며, 복잡한 향기를 갖고 있다. 과일, 꿀, 바닐라, 살구 또는 버섯류의 느낌을 느낄 수 있으며, 블렌딩 시 볼륨감과 풍부한 바디감을 더해준다.

샴페인 지역의 이해: 떼루아와 역사

1927년 법에 따라 지정된 AOC 샹파뉴 지역은 약 34,300헥타르로, 프랑스 파리에서 동쪽으로 약 150km 떨어져 있다. 319개의 코뮌communes, 프랑스의 최소 행정구으로 구성되어 있으며, 샴페인 생산의 중심지다. 샴페인 떼루아의 이해를 위해 간단히 짚고 넘어가자.

하지만 숫자는 그리 중요하지 않다. 앞서 소개한 샴페인 품종과 이제부터 시작하는 이야기 정도만 알아도 샴페인을 이해하기 쉬울 뿐만 아니라 샴페인을 마시는 즐거움 역시 배가될 것이다. 샹파뉴는 크게 다섯 개의 지역으로 나뉜다.

몽타뉴 드 랭스

Le Montagne de Reims

몽타뉴 드 랭스는 역사적으로 레드와인으로 유명한 지역으로, 현재의 샴페인이 생산되기 훨씬 전부터 많은 영광을 누렸다. 지역의 이름은 랭스에 있는 산을 뜻하며, 랭스와 에페르네 사이에 서쪽으로 열린 말굽 모양으로 형성되어 있다. 최고 해발 286m로 높지 않다. 몽타뉴 드 랭스는 두 지역으로 분류된다. 그랑 몽타뉴Grande Montagne는 말굽의 북쪽, 동쪽 및 남쪽 경사면에 있고, 쁘띠 몽타뉴Petite Montagne는 북서쪽에 있다.

그랑 몽타뉴 드 랭스는 울창한 숲과 잡목으로 이루어진 길이 30km, 폭 6~10km의 지역으로, 이곳의 포도밭들은 백악질과 이회암 토양이 있는 언덕에 있다. 특히 북쪽의 경사면에는 주로 베르즈네Verzenay, 베르지Verzy 및 마이Mailly와 같은 유명한 크뤼 마을이 있으며 경사가 완만하다. 이곳의 포도들은 숙성하는 데 많은 시간이 필요하지만 그만큼 고귀한 샴페인을 만날 수 있으며, 와인 생산의 역사가 긴 전설적인 지역이다.

남쪽에는 좀 더 파워가 넘치고 풍부하지만, 시간이 지남에 따라 매우 견고해지고 우아한 와인이 생산되는 부지Bouzy와 앙보네Ambonnay가 있다. 이 마을들은 피노 누아로 샴페인뿐만 아니라 부르고뉴의 레드와인에 뒤지지 않는 와인을 만들어내며, 2018년부터 시작된 프로젝트인 코토 샹프누아의 중심지이다.

그 외에 트레파이유Trépail, 270헥타르, 90% 샤르도네 빌레르-마르므리Villers-Marmery에서는 샤르도네의 재배가 90%를 차지하며, 루드Lude는 섬세하고 차가운 피노 누아와 피노 뫼니에가 특징이다. 쁘띠 몽타뉴는 그랑 몽타뉴에 비해 경사가 조금 더 낮으며 북서쪽에 있다. 대표적인 포도 산지는 에쾨유Ecueil, 사시Sacy, 브리니Vrigny 등이며 샤르도네, 피노 누아, 피노 뫼니에가 다양하게 분포되어 있다.

발레 드 라 마른
La Vallée de la Marne

센 강의 주요 지류인 마른 강은 프랑스에서 가장 긴 강 중 하나이며, 이름은 라틴어 "matrona"에서 유래되었다. 몽타뉴 드 랭스를 따라 내려오면 에페르네Épernay라는 마을이 나오는데, 이 지역이 발레 드 라 마른Vallée de la Marne으로 분류된다. 이 지역은 그랑 발레 드 라 마른Grande Vallée de la Marne, 에페르네Épernay, 콩데-앙-브리Condé-en-Brie, 우에스트Ouest, 리브 드루아트Rive Droite, 리브 고슈Rive Gauche 등 총 6개의 존으로 나뉜다.

에페르네를 시작으로 샤토 티에리Château Thierry, 샤를리-쉬르-마른Charly-sur-Marne까지 강둑과 그 지류 양쪽의 언덕에 걸쳐 있는 포도밭은 12,000헥타르에 이르며, 피노 뫼니에Pinot Meunier가 주로 재배된다. 에페르네와 가까운 동쪽 지역은 그랑 발레 드 라 마른Grande Vallée de la Marne으로 불리며, 쉬르-아이Sur-Aÿ, 비쇠이유Bisseuil, 뀌미에흐Cumières, 오빌레르Hautvillers 등이 대표적이다.

이곳에서는 피노 누아가 65~90% 비율로 재배된다.

동쪽에 있는 아이Aÿ에서 샤티용-쉬르-마른Châtillon-sur-Marne로 이어지는 곳까지는 백악질로 덮여 있고, 서쪽으로 갈수록 부드럽지만 기름지고 비옥한 토양으로 되어있으며, 석회암이 더 깊은 곳까지 형성되어 있다.

코트 데 블랑

La Côte des Blancs

코트 데 블랑은 에페르네 남쪽에 위치하며, 백악질 토양이 포도밭 표면 위로 하얀 가루처럼 보일 정도로 분포되어 있다. 이곳은 주로 샤르도네Chardonnay를 재배하며, 포도밭은 3,000헥타르 이상이고 샤르도네의 재배율은 97% 이상이다. 이 지역은 샴페인 생산이 시작되면서 가장 고귀하고 우아하며 순수한 샴페인을 만드는 곳으로 유명해졌다.

코트 데 블랑의 떼루아는 백악질 토양과 석회질 토양으로 높은 다공성으로 물을 스펀지처럼 빨아들이는 특징을 갖고 있어 샤르도네 재배에 매우 적합하다. 샴페인을 만들었을 때 순수하고 훌륭한 아로마와 구조감을 가진다.

발레 프티 모랭 - 코트 드 세잔

Vallée Petit Morin - La Côte de Sézanne

세잔은 전통적으로 코트 데 블랑 세잔네La Côte des Blancs Le Sézannais라고 불리는 만큼 코트 데 블랑과 함께 설명되다 보니 잘 알려져 있지 않다. 코트 데 블랑과 남쪽에 있는 오브Aube 사이에 있다. 필록세라 사태 이후 오랫동안 방치되었다가 포도밭이 재건되었다. 세잔은 백악질 토양으로 1,500헥타르를 차지하며, 점토와 모래, 응회암 토양이 혼합되어 있다. 이 지역의 샤르도네는 독특하며, 남쪽에 위치해 숙성이 빠르고 과실 향이 풍부한 샴페인을 생산한다.

코트 데 바

La Côte des Bar

코트 데 바는 트루아Troyes 시의 남동쪽에 있으며, 샹파뉴의 북부인 랭스Reims에서 130km, 샤블리Chablis에서는 64km 거리에 있다. 부르고뉴에 속하는 디종Dijon에서는 약 한 시간 반 정도 소요된다. 코트 데 바가 샴페인 지역의 일부로 지정되기까지는 많은 시간과 투쟁이 필요했다. 1908년 오브L'Aube는 샹파뉴에서 완전히 배제되었으나, 오랜 법정 투쟁 끝에 1927년 샴페인으로 합류하게 되었다.

코트 데 바는 석회암 지대이며, 40km 떨어진 샤블리와 마찬가지로 쥐라기 시대의 키메르지앙Kimméridgiennes 토양으로 구성되어 있다. 이 지역은 전체가 센 강의 작은 계곡들로 이루어져 있으며, 고원은 숲으로 구성되어 있고 포도밭은 북쪽의 다른 지역들보다 심한 경사지에 형성되어 있다. 주요 재배 품종은 피노 누아Pinot noir, 피노 블랑Pinot Blanc, 샤르도네Chardonnay, 피노 뫼니에Pinot Meunier 순이다.

남부 지역인 만큼 따뜻한 기후로 피노 누아가 강점이며, 샤블리와 같은 토양 덕분에 화이트 품종의 포도가 색다른 매력을 지닌다.

제2장.

샹파뉴의 예술가들

마시는 것, 그것은 단순한 행위가 아니다. 샴페인 한 잔에는 많은 의미가 내포되어 있기에 사람들은 깨끗한 땅과 역사, 진실한 철학, 소비자를 존중하며 포도를 재배하는 생산자들의 샴페인을 마시고 싶어 한다.

'Art'는 동서양을 막론하고 넓은 어원적 의미에 '기술'이 포함되어 있다. 사전에서 예술의 정의를 찾아보면 '아름답고 높은 경지에 이른 숙련된 기술을 비유적으로 이르는 말'이라고 명시되어 있다. 나는 그들의 활동을 높은 기술을 기반으로 시간과 자연, 모든 것의 아름다움을 창작하는 예술이라고 확신한다. 그렇기에 나는 그들을 아티잔 비뉴홍예술가 생산자, Artisans vignerons이라고 부른다.

언제부터인가 나는 사람들을 만날 때 그들의 손부터 먼저 보는 습관이 생겼다. 손을 보면 자연스럽게 상대가 어떤 일을 하는지 상상하게 되고, 그들의 생활이 그려지기에 나도 모르게 손부터 먼저 보게 되었다. 발레리나의 발에서 화려한 무대에서의 모습과 다른 그동안의 남모를 오랜 연습과 좌절, 그리고 고통의 모습을 볼 수 있는 것처럼 나는 생산자들의 손에서 그런 시간을 본다.

20세기 중반까지만 해도 비뉴홍들은 포도를 독점적으로 재배하고 그랑 메종에 판매했으며, 이후 그랑 메종이 양조 및 마케팅을 담당했다. 1950년대부터는 "Manipulant"이 시작되면서 비뉴홍들이 자신의 포도로 샴페인을 만들기 시작했다. 그래서 기존과 달리 NM, RM, CM으로 구분되기 시작했다. 현지에서는 그들을 어떻게 분류할까?

사실 한국에 와서 오히려 자주 듣는 말이 RMRécoltant-Manipulant 샴페인과 NMNégociant-Manipulant 샴페인이다. 대부분 NM을 뵈브 끌리꼬나 떼땅제 같은 큰 메종 샴페인으로 분류하는 경우가 많거나, 그렇게 이야기하는 것을 자주 들었다. 그렇다면 샹파뉴에서는 이들을 정확히 어떻게 분류하고 지칭할까? 샹파뉴에서는 Grand Maison, Vignerons, Coopérative de Manipulation으로 구분한다. NM을 뵈브 끌리꼬 같은 대형 샴페인 하우스로만 정의하는 것은 적절하지 않다. 쟈크 셀로스, 프레데릭 사바 등도 NM으로 등록되어 있는데, 이는 그들이 다른 생산자의 포도나 포도즙을 구매하기 때문이다.

우리가 함께 만나게 될 와이너리들은 샹파뉴의 비뉴홍들이다. 수많은 유명 브랜드의 샴페인을 뒤로하고 이들과 함께 하는 이유는 그들의 철학과 삶이 생생하게 전달되기 때문이다. 그렇다고 해서 그랑 메종의 존재가 중요하지 않다는 것은 아니다. 오늘날 우리가 만나는 비뉴홍이 있기까지 그들의 마케팅이나 세계화가 길을 만들어 준 것은 변함없는 사실이다. 지금도 서로에게 필요한 존재임이 틀림없으므로 우리는 프랑스어로 이렇게 말하곤 한다. "grâce à eux그들 덕분에".

이 책에서 나는 전 세계가 주목하는 생산자들과 새로운 흐름의 주역이 되는 샴페인 생산자들을 포함하여 총 23명의 이야기를 전달할 예정이다. 각 지역과 마을을 분류하고, 각각 다른 그들의 철학, 그리고 현재와 미래를 여러분과 공유할 것이다. 이를 통해 앞으로 샴페인이 어떻게 변화될 것인지 상상의 날개를 펼쳐볼 수 있지 않을까?

Montagne de Reims

Champagne Bérèche et Fils – Ludes
Champagne Pierre Deville – Verzy
Champagne Stroebel – Villers-Allerand
Champagne Ponson – Coulommes-la-Montage
Champagne Savart – Ecueil

몽타뉴 드 랭스
Montagne de Reims

베레슈 에 피스 - 루드

Champagne Bérèche et Fils - Ludes

샴페인 전문가로 활동하면서 부끄럽게도 다른 와이너리들보다 늦은 몇 년 뒤에야 방문할 수 있었다. 방문이 어려웠던 와이너리였지만, 최고의 샴페인 중 하나로 꼽을 수 있다. 전 세계를 열광하게 만드는 베레슈 에 피스가 한국에서는 이상하게도 잘 알려지지 않았다.

라파엘Raphaël과 그의 형 빈센트Vincent가 수장으로, 라파엘은 양조를, 빈센트는 포도재배를 담당한다. 두 형제는 각각 다른 성격을 가지고 있다. 라파엘은 사교적이면서도 정확한 성격으로, 늘 옅은 미소를 띠고 있다. 반면, 빈센트는 묵묵하고 진지한 성격으로 포도재배에 전념한다.

베레슈 에 피스는 1847년에 설립되어 가족 경영을 이어오고 있다. 그들의 가족은 헝가리에서 이주하여 몽타뉴 드 랭스에 있는 루드 마을에 정착하며 포도밭을 사들이기 시작했다. 그들은 비스트로(소규모의 프랑스식 식당)를 운영하다가 포도밭에 전념하기 위해 중단했다. 2차 세계대전 이후 포도밭은 더욱 확장되었는데, 라파엘과 빈센트의 할아버지가 같은 몽타뉴 드 랭스에 위치한 다른 와이너리 집안과 결혼하면서 3헥타르의 포도밭을 얻었다.

과거에는 2년 이상의 기간이 소요되는 와인 제조보다 포도 자체를 판매하는 것이 더욱 유리했기 때문에 다른 와이너리들은 포도 판매에 집중했다. 그러나 베레슈 가문은 와인을 가내에서 제조하길 원했기에 다른 농장들보다 일찍

Bérêche
RÉSERVE PRIVÉE
BASE 2006
BRUT RÉSERVE

포도 판매를 중단했다. 2차 세계대전 이후, 다른 농장들은 포도밭 소유자끼리 협동조합을 만들 것을 원했지만, 베레슈 가문은 이를 원하지 않고 새로운 길을 개척하기로 했다. 이를 위해 과거 6헥타르의 밭을 가지고 있던 시기부터 꾸준히 포도밭을 구입하며 샴페인을 만들었고, 현재는 12헥타르의 땅에서 포도를 생산하고 있다.

처음부터 이 포도밭을 전부 물려받은 것은 아니다. 아버지가 결혼하면서 외가에서 소유한 포도밭 중 3헥타르를 결혼 선물로 받아 총 6헥타르가 되었고, 이후 꾸준히 포도밭을 사 9헥타르에 이르렀다. 2004년 라파엘이 사업에 합류하면서 아버지가 제초제와 살충제를 중단한 것에 이어, 더욱 변화와 보완이 필요함을 느꼈다. 그는 샴페인을 단순한 스파클링 와인이 아닌 더 큰 의미를 지닌 예술품으로 생각했다. 라파엘은 말한다.

> "내가 사업에 합류한 시기는 2004년이었고, 샴페인의 맛은 기대 이상이었어요. 참 다행스럽게도 아버지는 훨씬 전부터 제초제, 살충제에 대한 문제를 인식하고 이의 사용을 중단하였지만, 나는 우리가 더 나아가기 위해서는 더욱 변화되고 보완해야 한다는 것을 느꼈어요. 그리고 그것은 사람이라고 확신했지요."

그는 샴페인을 그저 마시는 스파클링 와인이 아니라 그보다 더 큰 의미가 있다고 생각했고, 포도밭과 양조장에서 그들과 가치를 공유하며 함께 돌봐 줄 수 있는 많은 사람이 있음으로써 최상의 품질을 지닌 샴페인을 탄생시킬 수 있었다.

그들은 AY에 있는 더 많은 그랑 크뤼Grand Cru 밭을 인수하면서 전 세계적인 유통에서도 활발하게 활동하고 있다. 하지만 여기서 멈추지 않았다. 그들이 원하는 미래의 방향은 '예술적인 작업'이었다. 이를 지속하기 위해서는 더 많은 일을 하면서 와이너리를 유지하고 상업적인 부분도 키워가야 했고, 결국 이 둘의 균형을 찾게 되었다. 그래서일까? 그들의 샴페인은 예술성에서도 확장되었으며 전 세계 시장에서도 활발하게 움직이고 있는 것을 볼 수 있다. 라파엘은 설명을 이어갔다.

> "우리는 뱅 클레르Vin clair, 1차 발효를 마친 기본 와인를 70% 오크 통을 이용해서

긴 시간 동안 천천히 발효하고 있어요. 뭐든지 빨리 진행되는 것은 좋지 않습니다. 시간을 두고 천천히 해야 문제가 없어요. 제가 두 병의 샴페인을 가져올 테니 어떤 점이 다른지 맞춰 보세요."

두 병의 샴페인을 한 잔씩 따라 주며 시음을 권하고, 어떤 차이가 있는지 질문했다. 너무나 다른 향과 맛을 보여주는 샴페인들이라 밀레짐(특정 연도의 포도로만 만든 샴페인)이 다른 것인지 도사주Dosage, 2차 발효 후 첨가하는 당분를 다르게 넣은 것인지 고민했다.

"지금 시음하는 두 병의 샴페인은 같은 조건을 갖추고 있어요. 밀레짐도 같고 같은 포도밭이고 심지어 라벨의 이름도 같아요. 그런데 무엇이 이 둘의 성격을 다르게 했을까요? 딱 한 가지만 다르게 했어요. 그게 무엇일까요?"

천천히 생각해봤다. 그의 까브에서 이야기했던 주제가 떠올랐고, 샴페인 병목을 보고 무엇인지 알아냈다며 웃었다. 그 비밀은 2차 발효할 때 병입 후 캡슐 또는 부숑Bouchon을 사용했는지에 달려 있었다. 라파엘은 계속해서 설명했다.

"샴페인은 총 2번의 발효를 해요. 우리는 기본 퀴베를 제외하고 모두 2차 발효를 위해 병에 넣으면서 리에주Le tirage sous lieges를 하죠. 즉, 부숑을 사용해요. 캡슐은 편리하고 비용 절감이 되지만, 와인의 흐름을 막아 버려요. 그래서 첫 번째 샴페인 퀴베인 Brut의 경우에만 캡슐을 사용하고 나머지 모든 밀레짐은 코르크를 이용해요. 리에주 작업에서 와인은 숨을 쉬며 살아있기 때문에, 섬세하고 품질 좋은 고급스러운 버블과 크림 같은 부드러운 샴페인을 얻기 위해서는 이 과정이 필수적입니다."

캡슐을 사용하는 것은 창문이 없고 공기가 통하지 않는 집에서 몇 년을 사는 것과 같다. 그 안에서 모든 것은 조용하며, 답답함에 시들시들해져 마침내 생동감이 없어질 것이다. 캡슐의 사용은 친구 또는 가족과 편안하게 즐기는 가벼운 아페리티프 샴페인에 적합하다. 그 이상의 샴페인은 부숑을 이용해야 하며, 이는

GRAND VIN DE CHAMPAGNE
Béréche & Fils
APPELLATION D'ORIGINE CONTRÔLÉE
CHAMPAGNE
AŸ GRAND CRU
MILLÉSIME 2014

전통적인 방법을 넘어 과학적으로도 증명된 그들의 유산이다.

같은 밀레짐 일부를 캡슐과 부숑으로 2차 발효 후 데고르주멍(2차 발효 후 앙금 제거 과정)까지 마무리한 샴페인을 시음해 보았다. 리에주 작업은 고전적이면서도 수고가 많이 들어가지만, 그 결과의 차이는 매우 크며 몇 배의 맛의 차이를 보장한다. 나는 그의 의견에 동의했다. 와인은 숨을 쉬며 살아있다는 것을 잊지 말아야 한다. 라파엘은 마지막으로 강조했다.

> "우리의 샴페인을 마시면서 베레슈 스타일, 즉 이 포도가 나오는 마을의 떼루아가 머릿속에 그려지며 샴페인이 온몸의 오감을 자극해 생생하게 살아 숨 쉬는 듯한 맛을 느껴야 해요. 그것을 가능하게 하는 작업은 바로 이 리에주에 있어요. 그것들은 숨을 쉬며 살아있고, 그들 스스로 더 많은 일을 하게 합니다. 그럼으로써 본연의 땅, 즉 떼루아를 표현하지요."

나는 이들의 떼루아를 보고 향을 맡는다. 한 줌 쥐어 숨을 크게 들이마시며 코를 갖다 대니 서늘한 바람이 부는 숲속의 부식토 향기가 느껴졌다. 정말 기분 좋은 흙의 향기였다.

MAILLY GC
44

- **리에주 Le Luxe du Liège**

샴페인을 1차 발효한 후 2차 발효를 위해 병에 담는 작업을 한다. 이때 코르크보다 저렴하고 편리한 캡슐을 사용하는 경우가 많지만, 일부 샴페인 와이너리는 여전히 상위 레벨의 샴페인에 높은 비용과 번거로움이 동반되는 코르크 사용을 고집한다.

이러한 코르크 사용으로 인해 공기가 지속해서 순환되는 미세한 기체 교환 과정이 일어나면서 샴페인 숙성에 긍정적인 영향을 미친다. 즉, 캡슐과 달리 코르크를 이용함으로써 공기의 흐름이 원활해지고 거품이 더욱 부드러워진다. 또한, 이 과정을 통해 샴페인의 향과 맛이 더욱 복잡하고 풍부하게 발달하게 된다.

'Le Luxe du Liège'라는 표현은 단순한 사치가 아닌, 최고급 샴페인을 위한 필수적인 과정을 의미한다. 이는 오랜 전통을 지키면서도 품질을 높이는 샴페인 제조자들의 노력을 보여주는 예라고 할 수 있다.

누구든지 그와 단 1분만 이야기를 나누어도 미소가 번지는 매력을 가진 유쾌하고 맑은 영혼의 소유자 알방 코르보Alban Corbeaux. 그는 몽타뉴 드 랭스의 중심에 있는 그랑 크뤼Grand Cru 마을인 베르지Verzy에서 피에르 드빌Champagne Pierre Deville을 책임지고 있다. 현재 샹파뉴는 기존 세대에서 새로운 세대로 흐름이 변화하면서 알방 코르보Alban Corbeaux와 같은 새로운 샴페인 생산자에 주목하고 있다. 내가 알방과 처음 만났던 계기는 기억나지 않지만, 그가 처음 만든 샴페인을 마시던 순간은 잊지 못한다.

피에르 드빌은 1963년 그의 증조할아버지가 시작했으며, 와이너리 이름도 그의 증조할아버지 이름에서 유래되었다. 대부분 포도즙은 메종 샴페인에 판매되고, 절반은 가문의 전통 스타일로 샴페인을 만든다. 포도밭은 베르지에 4헥타르, 오브L'Aube에 1헥타르로 총 5헥타르를 유지하고 있다.

알방은 아버지와는 다른 철학을 담은 샴페인을 만들고 싶어 했다. 양조학을 배우고 아버지 밑에서 일하던 알방은 뉴질랜드와 호주에서 2년간 생활한 후 가족을 설득하기 시작했다.

> "처음에 부모님은 많은 걱정을 하셨어요. 우리는 이미 안정적인 유통 구조를 가지고 있어 부모님은 변화의 필요성을 느끼지 못했지요. 하지만 나는 우리가 변화해야 한다고 끝없이 설득했고, 결국 부모님은 일부 밭에서 내 스타일로 포도재배를 하는 것을 허락하셨어요. 나의 첫 샴페인은 2016년에 생산되었는데, 그 전에 조금씩 유기농으로 전환했어요. 나는 매일 포도밭에서 살다시피 했고 아버지는 그런 나를 보며 못마땅해했지만, 다행히도 멈추라는 이야기는 없었어요. 포도밭의 절반에서는 기존과 같은 전통적인 샴페인을 만들었고, 나머지 절반은 내가 책임졌지요. 형은 나의 의견을 지지해 주고 지금도 나를 도와주고 있어요."

그렇게 5헥타르의 포도밭 중 절반을 유기농으로 전환한 후 처음 세상에 내놓은 샴페인을 나는 운명처럼 만났다.

PIERRE

샹파뉴에서도 몽타뉴 드 랭스는 수백 년간 프랑스 왕의 와인으로 유명했으며, 전 세계에 샴페인의 이름을 알리며 명성을 높였던 곳이었다. 이곳에는 지금도 우리가 잘 알고 있는 큰 메종들이 밀집되어 있다. 이들은 포도의 생산량을 늘리기 위해 수많은 숲과 나무들을 베어내고 그 자리에 전부 포도나무를 심었다. 물론 아무것도 모르는 입장에서는 저 멀리서부터 끝없이 펼쳐진 포도나무들이 장관을 이루며 영화의 한 장면 같아 보인다고 감탄하게 된다. 나 역시도 매일 바라보면서 프랑스에서 이렇게 아름다운 지역이 또 있을까 하고 생각하게 만드는 곳이 바로 샹파뉴다.

하지만 자연을 중시하고 비오Bio 혹은 비오디나믹Biodynamic으로 전환하여 포도재배와 양조를 시작한 새로운 세대들에게는 이러한 환경이 좋을 리 없다. 그들은 자신의 포도밭 한가운데 포도나무가 아닌 다른 나무들, 가끔은 그늘이 되어주고 새가 날아다니다가 쉴 수 있는 사과나무나 앵두나무 같은 것들을 심었다. 포도나무 사이에 드문드문 심겨 있는 나무들이 무척 보기 좋았지만, 이 나무들이 포도나무에 어떤 긍정적인 영향을 주는지에 대한 의문이 생겼다.

> "음, 포도밭 주변의 생물 다양성을 확장하고 보전하는 이유는 여러 가지입니다. 이는 포도밭의 경사를 안정화하고 물의 흐름에 영향을 주면서 포도나무만 있을 때의 단점을 보완해 줍니다. 또한, 새들이나 작은 포유류들이 잠시 머물 수 있는 자연 서식지나 보호 구역 역할을 하며, 이는 포도밭에도 생태적으로 긍정적인 상호작용을 일으킵니다. 그래서 우리는 다른 나무들을 조금씩 심고 있습니다."

그는 이러한 이야기를 하면서 금세 어린아이처럼 장난기 가득한 미소를 띠며 새집을 보여줬다. 나무에 새잎이 돋아나기 시작하면 새들이 잠시 와서 쉬었다 가는 상상을 하면 설렌다고 했다. 자연을 향한 그의 눈빛은 마치 사랑에 빠진 듯했다. 그는 자연을 보고 자연에서 영감을 받아 새로운 와인을 창조한다.

알방은 자신의 포도밭을 작은 의미로는 텃밭, 큰 의미로는 정원이라고 말한다. 프랑스 미식에서 없어서 안 될 중요한 부분은 바로 식재료가 생산되는 곳이며 그중 하나가 정원이다. 다른 어떤 나라보다 제철 채소와 과일을 키워내는 정원사들을 존중하는 나라이기에, 프랑스에서는 정원사의 위상이 높고 그들을

존경하는 의미로 아티스트라고 부르기도 한다. 그리고 식재료를 통해 창의적이고 예술적인 혼을 담아내는 셰프가 존재하듯이, 알방은 포도밭의 정원사이자 그 안에서 최대한 자연 그대로의 순수하고 맑은 샴페인을 만들고자 하는 예술가라고 할 수 있다. 그의 이러한 철학은 일상에서도 이어진다. 텃밭에서 나오는 제철 식재료를 이용하여 자연 그대로를 담아내는 범위 안에서만 조리해서 음식을 즐기며, 때로는 숲에서 신발을 벗고 흙을 밟으며 가족과 함께 자연을 만끽하기도 한다. 그의 맑고 깨끗한 영혼처럼, 그의 일상이 샴페인에 스며든다.

그에게 가족은 매우 중요한 역할을 한다. 그는 자신만의 샴페인을 만들어내고 있지만, 오늘날까지 이어져 내려온 가족의 역사를 존중하며 이어나가고자 하는 그의 마음은 샴페인의 이름과 라벨에서 느낄 수 있다.

그의 첫 샴페인 'Copin' 100% 샤르도네는 샴페인 생산자였던 할머니와 화가였던 할아버지에게 헌정하는 의미를 담았다. 감각이 남다른 그의 에티켓에는 할아버지의 작품을 담았으며, 샴페인의 이름 'Copin'은 할아버지의 이름에서 따왔다.

현재 샹파뉴의 남쪽인 오브L'Aube에도 1헥타르의 포도밭을 갖고 있지만, 알방이 만드는 샴페인은 베르지Verzy에 위치한 4개의 리우디에서 경작된 포도로 생산되고 있다. 그의 포도밭은 대부분 백악질 땅으로 구성되어 있으나, 베르지 내에서도 각기 다른 위치에 분포되어 있어 일조량, 경사 등의 특징이 다양하다. 증조할아버지 때부터 심어둔 오래된 포도나무부터 새로 심기 시작한 포도나무까지 다양하게 존재하지만, 주로 오래된 포도나무가 사용되고 있다. 그의 밭은 피노 누아 60%와 샤르도네 40%의 비율로 구성되어 있는데, 포도밭이 다양한 위치에 있어 포도의 특성이 서로 다르게 나타난다.

"포도의 품질에 따라 와인이 결정되며, 그러한 포도를 만들기 위해서는 자연 속에서 포도나무들이 조화를 이루며 행복을 느껴야 합니다. 이것이 바로 제 샴페인의 비결입니다."

- **La Plantation**

포도나무 재배는 떼루아와 와이너리에 가장 적합한 방식을 충족하기 위해 엄격한 규정을 따른다. 오래된 포도나무를 뽑고 다시 심는 작업은 포도나무의 휴면기가 끝나고 토양이 준비되는 5월경에 이루어진다. 이 과정을 거친 후 세 번째 잎, 즉 심은 지 2~3년 후에 샴페인 생산을 위한 포도를 수확할 수 있다. 법적 제재는 없지만, 좋은 품질을 위해서는 다시 5년을 기다려서 수확하는 것이 일반적이다. 이러한 긴 과정은 포도나무가 떼루아에 완전히 적응하고 최상의 품질의 포도를 생산할 수 있도록 하는 데 필수적이다.

농부가 되는 것은 티모테Timothée가 어린 시절부터 꿈꿔왔던 일이다. 그의 가족은 알자스 출신의 변호사였지만, 전쟁을 피해 파리로 이주한 후 샹파뉴에 집과 포도밭을 구입했다. 처음에는 포도 재배에 관심이 없었고, 단지 재산을 늘리기 위해 포도밭을 구입하여 임대했다.

7살 때 파리에서 샹파뉴로 이사한 티모테는 자연스럽게 동물들과 어울리며 놀았고, 트랙터를 타기 시작했다. 알코올을 마실 수 있는 나이가 되어서야 와인을 만드는 일이 그가 꿈꾸던 농부의 일임을 깨달았다. 프랑스어로는 이를 'Un paysan-vigneron'이라고 부른다.

그의 집에서는 좋은 와인이 식탁에 오르지 않았지만, 아버지는 늘 식사 때 와인을 마셨다. 17세가 되던 어느 날, 아버지는 오래된 알자스 와인을 꺼내 처음으로 티모테와 함께 마셨다. 그 순간 티모테는 와인을 만드는 일에 대한 결심을 굳혔다. 와인은 아버지와 아들 사이의 즐거운 교감을 가져다주었다.

그는 프랑스를 더 보고 싶었고, 아비즈Avize의 양조 학교를 떠나 부르고뉴 본에서 유기농업과 생물역학, 포도 재배를 공부하기 시작했다. 그곳에서 일하면서 배우기도 했다.

아버지는 포도밭 소유자가 아니었고, 그의 친척들 중 유일한 생산자는 삼촌이었다. 대가족이었기에 삼촌이 포도밭을 물려주리라고 기대하지 않았다. 그는 그럼에도 불구하고 계속해서 배우며 앞을 향해 나아갔다. 그러던 와중에 삼촌이 갑작스럽게 은퇴하면서 7헥타르의 포도밭 중 2헥타르를 티모테에게 맡기게 되었다.

그래서 2001년, 티모테는 몽타뉴 드 랭스 중심의 빌레르-알레랑Villers-Allerand 마을에 있는 그의 집으로 돌아왔다.

> "나는 2001년 집으로 돌아왔고, 2002년에는 할아버지가 심어둔 포도나무를 제외하고 나의 집 뒤편에 펼쳐진 포도밭의 일부에 새로운 샤르도네를 심었어요. 그리고 15년 동안 그곳에서 열린 포도로는 나의 샴페인을 만들지 않고 팔기만 했죠. 내가 원하는 샴페인을 만들기에는 아직

이르다고 생각했지요. 나의 샴페인을 만들기 위한 포도를 재배하기 위해서 10년이 넘는 시간을 기다린다는 건 그리 어려운 일이 아니었어요."

그의 포도밭은 집 뒷편으로 나가면 한 폭의 그림처럼 펼쳐져 있다.

"저에게는 정말 큰 행운이에요. 제가 사는 집 뒤에 이렇게 저의 포도밭들이 다 모여 있다니 말이에요. 보세요, 저 왼쪽에 있는 게 샤르도네예요. 마을로 돌아왔을 때 진흙땅에 심었죠. 새로 심은 샤르도네로 샴페인을 만들기 위해 10년 동안 기다리기만 했어요. 포도가 너무 어리면 좋은 샴페인을 만들 수 없다고 생각했거든요. 그리고 저 오른쪽에는 우리 가족들이 모래로 된 땅에 심어놓은 피노 뫼니에가 있어요. 저보다 나이가 훨씬 많죠. 저기 정면에 언덕이 보이시죠? 햇살이 강해서 저 피노 뫼니에는 샹파뉴에서 레드 와인을 만드는 데 쓰여요. 그걸 코토 샹프누아 루즈라고 해요. 그 옆에는 분필로 된 땅이 있는데, 거기에 피노 누아를 심었어요. 제 밭에는 이렇게 세 가지 다른 품종의 포도가 제각기 다른 일조량과 떼루아에서 자리를 잡고 있어요. 그리고 이 모든 것이 제 눈앞에 펼쳐져 있어요."

몽타뉴 드 랭스에는 일반적으로 피노 누아가 많이 심어져 있는데, 그의 밭에는 피노 뫼니에가 많이 심어져 있어서 그 이유가 궁금했다. 그는 아주 단순하게 대답했다.

"저도 잘 몰랐어요, 그냥 가족들이 그렇게 심어놨더라고요. 그런데 그게 지금까지 제게 두 번째로 큰 행운이었어요. 예전에는 피노 뫼니에가 그리 중요한 포도라고 생각하지 않았거든요. 하지만 저는 달랐어요. 그 포도로 나만의 특별한 샴페인을 만들 수 있을 거라는 느낌이 들었거든요."

그는 매일 그곳을 바라보며 많은 질문을 던지고 생각을 한다.

"내가 무엇을 만들어내야 할까?"

포도밭은 생겼지만, 와인을 양조할 수 있는 공간도 도구도 그에게는 없었다. 포도밭에 나가서 일을 하려면 트랙터가 필요했고, 그는 다른 도멘에서 몇 시간씩 일을 해 주고 나서야 트랙터를 빌릴 수 있었다. 그는 혼자였고 외로웠지만, 자신이 꿈꾸던 것들을 믿고 나아갔다. 그렇게 천천히 성장하고 발전했다.

아무것도 없이 시작한 티모테는 협동조합에서 힘을 모으기 시작했고, 마침내 2005년 자신만의 까브에 첫 샴페인을 보관할 수 있었다. 오늘날까지 그는 포도를 착즙하는 프레수아Pressoir를 갖고 있지 않고, 자신과 같이 유기농으로 포도를 재배하는 친구의 프레수아를 같이 사용한다.

"제초제와 트랙터를 포기한 지 오래되었어요. 키나Quina와 비주Bisous라는 두 마리의 말과 함께 일하는 것은 나에게 큰 기쁨을 줍니다."

많은 와인 생산자들이 자연적인 포도 재배를 한다고 하지만, 그는 직접 말과 호흡하며 포도밭을 경작한다.

그는 3가지의 포도 품종을 보유하고 있지만, 몽타뉴 드 랭스 중심에서 피노 누아나 샤르도네가 아닌 피노 뫼니에를 많이 갖고 있는 점이 특이하다. 덕분에 그는 피노 뫼니에의 특징을 잘 담아내는 샴페인 생산자로도 알려져 있다. 그의 포도밭은 다양한 떼루아를 가지고 있어 각기 다른 성격의 샴페인을 만들 수 있는 행운을 가졌다. 아침부터 오전까지 해가 비치는 진흙 토양에 심긴 피노 뫼니에는 풍부하고 복합적인 맛으로 마지막까지 긴 여운을 준다. 반면 모래밭에 심긴 피노 뫼니에는 차갑고 섬세한 느낌을 준다. 티모테는 이러한 차이를 샴페인에 녹여내기로 결심했다.

특히 빌레르-알레랑 교회 맞은편 언덕에 있는 피노 뫼니에는 생산량이 적지만, 아로마, 색상, 탄닌에 더 집중되어 있어 그가 특별히 아끼는 샹파뉴의 코토 샹프누아로 탄생된다.

피노 뫼니에로는 좋은 와인을 만들 수 없다는 일반적인 편견에서 벗어나, 그는 더 정교한 샴페인을 개발했다. 그의 떼루아를 표현하며, 그의 포도밭은 그에게 자유를 느끼게 한다. 그러나 우리가 잊지 말아야 할 더 중요한 사실은 티모테가 부드러움 뒤에 신념과 꿈과 힘을 가진 사람이라는 점이다. 그의 진실되고 겸손하며 깊은 철학은 그가 만드는 샴페인에 그대로 녹아 있다.

- **코토 샹프누아 Coteaux Champenois**

지구 온난화로 인해 샴페인 지역에서는 잘 익은 포도를 더 많이 수확하게 되면서, 코토 샹프누아 양조에 참여하는 와이너리가 많아졌다. 특히 2018년부터는 샴페인보다 더 빨리 와인을 양조하고 출시하기 위해 노력하는 새로운 세대의 와인 생산자들 덕분에 샹파뉴의 '거품이 없는 와인'인 코토 샹프누아를 더욱 다양하게 만나볼 수 있게 되었다. 그러나 많은 양을 생산하지 않아 와인 생산자마다 작게는 300병에서 많게는 1,000병 이내로만 출시한다.

265L

쁘띠 몽타뉴Petit Montagne 위치한 샴페인 퐁송Champagne Ponson 대표이자 비뉴홍인 막심 퐁송Maxime Ponson은 2011년, 호주에서 와인 양조를 공부하고 한국, 중국, 일본을 여행한 후 프랑스로 돌아왔다. 그 후 포도 양조보다는 포도 재배에 더 중점을 두는 것으로 알려진 프랑스 몽펠리에의 학교에서 포도 재배와 영양학으로 학위를 받았다.

학교에서 돌아온 지 2년이 지난 후 그는 아버지 파스칼이 해 오던 포도 재배 방식에 이의를 제기하기 시작했다. 파스칼은 더 전통적인 농업 방식을 선호했고, 막심은 그의 아버지에게 유기농으로의 전환을 제안했다. 그는 모든 사물과 현상의 연관성을 인식하여, 우주를 하나로 연결시키는 구조적 개념을 설명하며, 현재 포도밭에 행하는 모든 것들(예를 들어 과한 제초제 사용 등)이 결국 자신과 자신의 아이들에게 영향을 미칠 것이라고 주장했다. 하지만 그의 아버지는 이를 받아들이지 않았다.

그럼에도 막심은 계속 자신의 주장을 밀어붙였고, 아버지와 아들은 서로의 입장 차이를 좁히지 못한 채 우호적인 경쟁을 시작하게 되었다. 막심은 반 헥타르의 포도밭을 유기농으로 전환했지만, 파스칼은 평생 동안 해온 농사 방식을 고수했다. 그래야만 더 많은 생산량이 보장될 가능성이 높았고, 많은 사람들이 자연적인 재배 방식에 대해 거부감을 가지고 있다는 것을 알고 있었기 때문이다. 만약 포도 생산에서 손실이 발생하여 가족뿐만 아니라 고용된 사람들에게 영향을 미치게 되면 더 이상 손을 쓸 수 없을 것이라는 우려 때문이었다.

"최소한의 작업으로 환경을 최대한 건강하게 만들고 싶어요. 그리고 나는 두 딸을 위해 지금보다 더 좋은 자연을 물려주고 싶어요."

막심은 말을 이었다.

"아버지는 내게 여러 차례 강조하셨어요. 유기농법으로 재배한 포도가 남아있지 않더라도, 내 상표의 샴페인을 만들기 위해 다른 사람에게 포도를

요청하거나 도움을 청해서는 안 된다고요."

그의 프로젝트에서 첫 번째 단계는 제초제와 살충제를 없애는 것이었다. 함께하는 이들이 그를 믿어주지 않았지만, 그는 밤낮으로 지치는 줄도 모르고 포도밭에 매달려 일했다. 포도밭에 필요한 것과 필요하지 않은 것에 대해 세심한 주의를 기울였고, 여전히 그를 의심하는 아버지의 걱정에도 불구하고 결국 좋은 포도를 수확했다.

그의 몇 년간의 노력은 결실을 맺었고, 얼마 지나지 않아 그의 아버지 또한 아들에게 영감을 받아 제초제와 살충제 사용을 중단하였다. 서로 다른 철학과 의견들이 서서히 통합되기 시작되면서 2018년부터는 모든 포도밭이 인증된 유기농법으로 전환됐다.

어쩌면 그의 아버지는 그를 의심하고 배척하면서도, 내심 그가 말하는 게 옳기를 바라고 있었던 것은 아니었을까?

기쁨의 축배도 잠시, 같은 해 가족들과 축하 만찬을 하던 중 파스칼은 잠들어 영원히 깨어나지 못하게 되었다. 그의 나이 60세, 어떤 병이나 건강상의 문제도 없었기에 가족들은 너무나 큰 슬픔에 빠졌다.

그러한 슬픔에 빠져있을 때 그의 동생이 도멘에 합류하면서 유기농 샴페인 생산에 더욱 박차를 가하고 확장할 수 있는 전환점을 맞이하게 되었다.

"포도밭에 문제가 없다면 약을 사용할 필요가 없습니다. 포도밭이나 포도에 도움이 필요 없다면 우리는 아무런 조치도 취하지 않을 것입니다. 그래서 수확할 포도를 조금 잃더라도 저는 개의치 않습니다. 특별한 것을 생산하기 위해서는 항상 위험이 따른다는 것을 알고 있기 때문입니다."

전통적인 방식, 유기농, 비오디나믹을 넘어서 질병을 예방하고 치료하기 위한 다양한 조치들이 있다. 최대한 자연적으로 병충해가 치료되기를 바라지만, 곰팡이와 같은 문제에 대해서는 직접적으로 개입하고 있다.

그의 철학은 포도 수확과 양조 과정까지 이어지는데, 특히 수확 시기에는 무게가 아닌 시간당 비용으로 수당을 지급한다. 이는 많은 포도를 따지 않고 좋은 포도만 선별해서 수확하도록 하기 위함이다. 일반적으로 샹파뉴에서는 무게에

357
468

따른 수당을 지급하는 것과는 대조적이다.

그는 또한 포도 수확 후 와이너리에 포도가 도착하면 바로 프레수아로 가지 않고 선별 작업을 거쳐 그 안에서도 품질이 좋은 포도만 사용한다. 즉 마지막까지 포도 품질을 관리하는 것이다.

막심은 좋은 샴페인은 까브에서 얼마나 시간을 보내느냐가 아니라 포도밭에서 얼마나 많은 시간을 사용하는지에 따라 달라진다고 거듭 강조하지만, 사실 그는 까브에서도 많은 일을 하고 있다. 나는 먼지 하나 없는 그의 까브를 볼 때마다 생각한다. 단지 포도밭에서 집중하는 시간이 더 많다는 의미가 아닐까?

> "우리는 최대한 자연 발효를 하고, 자연 발효가 어려운 몇 개의 이녹스가 있다면 포도나무에서 나온 천연 효모를 조금 주입해서 도움을 주고 있죠. 그리고 계절이 변할 때 자연적으로 발생하는 상황은 그대로 두고 있습니다. 인위적으로 열을 가하거나 덥다고 해서 차갑게 안정화시키지도 않아요. 그래서 가끔 작은 결정이 병에 침전될 수 있지만 그것은 우리 몸에 무해할 뿐만 아니라 샴페인 품질에도 영향을 주지 않습니다."

그는 오크통을 전체 생산량의 5%에만 사용하고, 나머지는 이녹스 또는 콘크리트 통을 사용하여 발효한다. 마지막으로 막심은 나에게 강조하듯 말했다.

> "많은 시간을 공들여 재배한 포도 자체를 순수하고 깨끗하게 100% 표현하고 싶어요."

1073

- **퓌피트르 드 르뮈아주**

  Pupitre de Remuage

퓌피트르Pupitre는 수 세기 동안 샴페인 생산에서 중요한 과정 중 하나인 르뮈아주Remuage를 수작업으로 진행하는 데 사용되어 왔다. 르뮈아주는 병목에 있는 효모를 제거하는 작업이다. 특히 습하고 깊은 와이너리 지하실에서 수백 년 동안 사용된 후에도 그 형태가 오랫동안 유지될 정도로 내구성이 강하다. 오늘날 르뮈아주를 기계로 진행하는 곳도 많지만, 고급 샴페인 생산자들과 장인 와인메이커들은 철학과 고집을 통해 여전히 수작업으로 진행하고 있으며, 이는 현재까지도 중요한 역할을 하고 있다.

GR

샴페인 사바 – 에쾨유

Champagne Savart – Ecueil

프레데릭 사바Frédéric Savart는 랭스Reims에서 서쪽으로 10km 떨어진 몽타뉴 드 랭스Montagne de Reims의 프리미에 크뤼Premier Cru인 에쾨유 마을에 위치한 4헥타르의 부지에서 포도를 생산한다. 주변 포도밭과 달리 그의 포도밭에서는 피노 누아Pinot Noir를 주로 재배하며, 소량의 샤르도네Chardonnay도 함께 재배된다.

어릴 때 프레데릭은 포도 재배자가 되는 것을 상상한 적이 없었다. 축구선수가 되길 원했지만, 예상치 못한 부상으로 꿈을 접고 아버지 곁으로 돌아오게 되었다. 그때는 몰랐지만, 이 전환점이 그에게 더 넓은 세상으로 향하는 문이 될 것이었다.

프레데릭은 새로운 시작을 대충 하고 싶지 않았다. 와인과 사랑에 빠진 그는 몇 년 만에 샴페인의 품질을 크게 향상시켰고, 아버지의 포도밭을 인수하여 다양한 특성의 샴페인을 양조하는 데 열정을 쏟았다.

와인과 음식에 대한 그의 사랑은 그를 아는 모든 사람들이 잘 알고 있다. 그의 와인 저장고에는 자신의 샴페인 외에도 훌륭한 와인들이 가득하다.

> "할아버지와 아버지 그리고 나의 비전은 하나의 토양, 토양의 지하, 하나의 마을, 하나의 포도 품종을 그대로 옮겨서 기록하는 것입니다. 이 모든 떼루아는 필수적이며, 우리는 이를 통해 와인을 양조하고 있습니다."

프레데릭은 이야기를 이어갔다.

> "사바는 몽타뉴 드 랭스의 작은 떼루아에서 특별한 의미를 가집니다. 샹파뉴는 다른 지역들보다 자연과 떼루아를 더 중요시합니다. 양조는 단지 보조적인 역할일 뿐입니다. 저는 떼루아의 맛이 더 강한 포도를 얻고 싶었습니다. 그래서 우리는 포도나무 뿌리를 더 깊이 내리고, 심토에서 양분을 끌어올리도록 합니다. 이 토양의 더 많은 특성을 샴페인으로 표현하고 싶었습니다."

그는 말을 이용해 흙을 갈고, 자연 균형을 존중하는 데 특별한 주의를 기울인다. 그의 땅은 살아있어 부드럽게 으깨진다. 그가 추구하는 방법은 뿌리가 땅에 더 깊이 내릴 수 있도록 하는 것이다. 모든 것은 떼루아와 포도를 최대한 존중한다는 목표로 이루어진다. 그에게 자연은 '떼루아의 실험실이자 퀴베의 창시자'이다.

"내 와인에 담고 싶은 것은 이 땅을 통해 느낄 수 있는 특별한 무언가입니다. 그리고 당신도 잘 알듯이, 많은 친구들과 이 모든 것을 함께 나누는 순간들 또한 매우 소중하죠."

프레데릭은 매우 유쾌하고 농담을 잘 하는 사람이다. 웃음으로 분위기를 밝게 만드는 것이 그의 매력이지만, 와인을 시음할 때는 사뭇 달라진다. 그는 좋은 와인이라는 주제로 모인 샴페인 생산자들, 미슐랭 셰프들, 그리고 그의 친구들과 함께 나누는 것을 좋아한다. 그들은 함께 마시며 같은 철학을 공유하는 사람들끼리 그룹을 만들어 활동한다. 그들은 분명 샴페인의 홍보대사로, 샹파뉴 지역에서부터 전 세계를 대상으로 활동한다.

"샴페인의 위대한 순간은 병을 열고 함께 나누는 순간부터 시작됩니다. 이는 우리가 해온 일을 공유하고 친구들과 모이는 시간이기도 합니다. 때로는 이런 모임이 훌륭한 셰프들과 함께하는 와인 디너가 되어, 위대한 미식가들을 위해 요리를 나누는 자리가 되기도 합니다."

그것이 새로운 퀴베가 나오거나 자신의 샴페인이 오픈되는 날, 그가 사람들과 그 순간을 공유하는 이유이다.

- **아 라 볼레 A La Volée**

르뮈아주Remuage가 끝나면 효모 침전물을 배출하는 작업인 데고르주멍Dégorgement이 진행되는데, 경험이 많은 전문 기술자 혹은 와인 양조자들만이 할 수 있는 이 전통적인 방법은 기계가 아닌 손으로 '즉석에서' 침전물을 배출하는 작업이다. 이 전통은 그들에게 큰 자부심을 주는 것으로, 병을 거꾸로 들고 침전물이 오르지 않게 하고, 왼쪽 팔로 약간 경사지게 병을 잡은 후 배출 펜치를 사용하여 신속하게 병목 입구에 있는 캡슐 혹은 리에주를 떼어내면서 축적된 효모 침전물이 빠져나가게 해야 한다. 이 모든 작업을 정확하고 생동감 넘치는 제스처를 통해 진행하는 동안 병에 들어 있는 귀중한 샴페인의 손실은 최소화되도록 해야 한다.

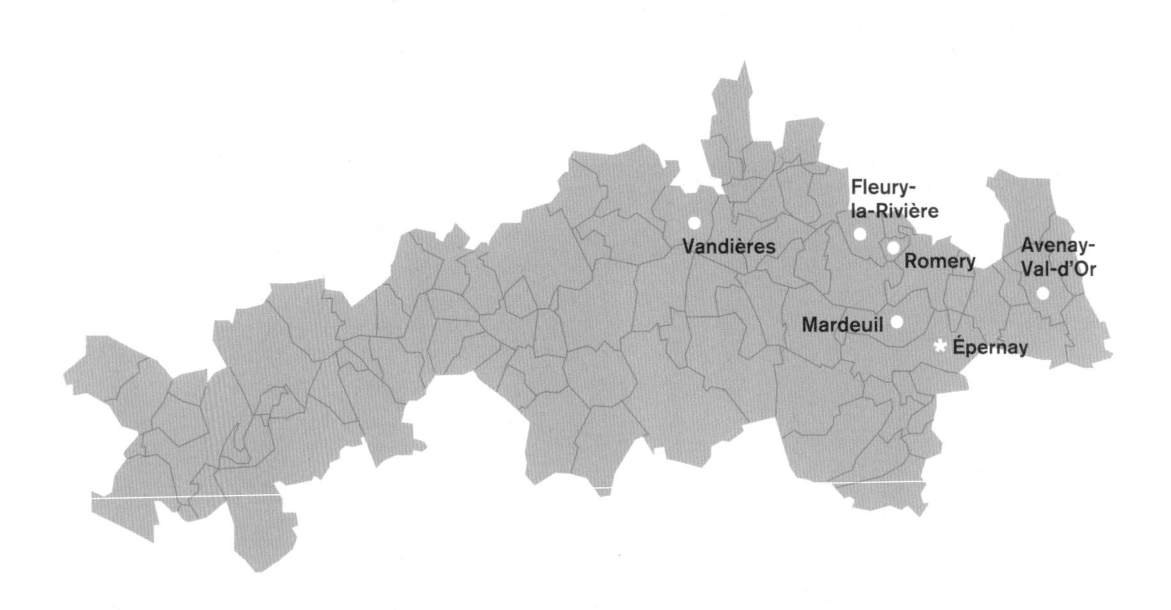

La Vallée de la Marne

Domaine Aurélien Lurquin – Romery
Champagne Legrand-Latour – Fleury-la-Rivière
Champagne Nowack – Vandières
Champagne Augustin – Avenay-Val-d'Or
Champagne Aurore Casanova – Mardeuil

발레 드 라 마른

La Vallée de la Marne

도멘 오렐리앙 루캉 – 로므리

Domaine Aurélien Lurquin – Romery

단벌신사가 아닐까 싶을 정도로 몇 년 동안 수수하고 변하지 않는 옷차림을 고수하는 오렐리앙 루캉을 만날 때면 그의 머리 길이만 가끔 달라져있다. 그는 자신을 드러내지 않고 겸손하지만 내면이 아름답고 단단하며 샹파뉴에서도 두각을 나타내 와인 생산자와 전문가들 사이에서 존경받는다. 그러나 샹파뉴 생산자들이나 나에게 그가 유명한 또 다른 이유는 연락이 매우 잘 되지 않는다는 점이다.

그는 신중한 만큼 가끔은 어설프고 변덕스러우며 몽상가이기도 하다. 한 가지에 몰두하면 나머지는 희미하게 잊어버리는 사람이다. 처음에는 나에게만 그런 줄 알았는데, 몇 년이 지나니 우리 모두가 으레 그렇게 말하게 되었다.

"그것이 오렐리앙이야."

샴페인과 포도밭에 모르는 사람. 세상과 어떻게 연결되어 있었는지 궁금하면서도 7년이 흐르니 자연스럽게 조금씩 이해하게 되는 사람이다.

오늘도 어김없이 오렐리앙은 부르고뉴에 있는 친구의 도멘에서 제작한 조끼를 입고 나타났다. 이쯤 되니 저 옷은 하나뿐인 걸까 아니면 여러 벌의 같은 옷을 갖고 있는 걸까 잠시 다른 엉뚱한 생각도 해봤다.

그의 도멘은 그의 할아버지가 지냈던 집을 사용하고 있다. 할아버지는 그의 영감의 원천으로 오렐리앙이 지금의 와인 생산자로 살아갈 수 있도록 어린 시절 그에게 많은 영향을 주었다.

> "제게 큰 후회와 미련이 있다면, 그것은 할아버지께서 제가 현재 샴페인 양조자가 되었다는 사실을 전혀 모르신다는 점입니다. 제가 이 길을 가고자 했을 때 할아버지는 이미 세상에 안 계셨거든요."

오렐리앙의 부모는 목수였다. 그는 샴페인 양조자였던 할아버지를 따라 어린 시절을 포도밭에서 보내며 할아버지가 하는 행동을 유심히 지켜봤다.

오렐리앙은 14세에 와인메이커가 되기로 결심하고 부르고뉴의 본에서 포도재배와 양조학을 공부했다. 26세가 되던 2007년, 그는 오랫동안 버려져 있던 할아버지의 집을 활용해 와인을 만들기로 결정했다. 그는 총 2.5헥타르의 5개 구획에서 40%의 피노 누아, 35%의 샤르도네, 24%의 뫼니에, 1%의 프티 뫼니에를 재배하여 샴페인을 생산하는 프로젝트를 시작했다. 현재 그는 더 많은 포도밭에서 더욱 다양한 품종의 포도를 생산하고 있다.

천재는 한 세대를 건너뛰고 나온다는 말이 있는데, 그는 천재일까, 아니면 노력파일까? 수년 간 그의 도멘을 드나들며 살펴보면 항상 그의 눈은 실핏줄이 터져 있고 손은 굵히다 못해 감각이 무뎌질 정도로 굳어져 있으며 온몸에는 상처가 가득하다. 그렇다면 그는 노력형 천재쯤 되는 것일까?

항상 미소로 반겨주는 그의 눈빛은 가끔 무서울 정도로 예리할 때가 있다. 그럴 때면 그의 머릿속은 온통 샴페인으로 가득 찬 듯하다. 어떻게 하면 원하는 샴페인을 만들어 낼까 하는 생각만으로 꽉 차서 빈틈이 없는 사람이다. 그러나 그가 처음 이 길을 가고자 했을 때 누군가 그를 도와줬던 것처럼, 그도 누군가를 도와줄 때는 자신의 일을 하듯 모든 것을 아낌없이 주는 사람이다.

오렐리앙은 2009년부터 유기농 생산으로 전환하기 시작했다. 와인에서 나오는 결과와 철학이 그의 마음에 들고 만족스러웠기 때문이었는데, 베누아 라예Benoît Lahaye와 철학을 공유하며 오늘날까지 협력하고 있다. 유기농 전환 외에도 부르고뉴에서의 경험이 그의 샴페인에 많은 영향을 주었다. 이를 통해 그는 샴페인이 아닌 코토 샹프누아에 전념하면서 자신의 와이너리의 첫

Champagne

밀레짐으로 세상에 선보였다.

> "처음에 샴페인을 만들려고 하니 의문이 드는 점이 많았어요. 자연스럽지 않고 자연적이지 않은 것 같았죠. 효모와 설탕을 다시 넣어서 탄산을 만든다는 사실에 무척 당황했어요. 그래서 내가 잘할 수 있는 코토 샹프누아 루즈와 블랑에만 전념했어요. 그리고 그 사이 조금씩 샴페인에 대한 실험을 하기 시작했죠. 인공 효모나 이산화황을 빼거나 하는 방식으로 여러 가지 실험을 한 것 같아요. 덕분에 나만의 데이터를 얻어내고 배웠지만 많은 실수도 있었고 때로는 여러 개의 오크통을 그대로 버려야만 하는 경우도 있었어요."

그 결과 그는 와인과 기후에 따라 적절한 이산화황의 사용이 필요하다는 것을 깨달았다. 레드와인은 이산화황을 사용하지 않지만 화이트와인은 소량의 이산화황을 사용한다.

> "발효 과정에서 자연적으로 생성되는 유황 때문에, 오히려 소량의 유황을 따로 첨가하지 않으면 유황이 과도하게 많아져 와인이 손상될 수 있습니다."

그는 유기농으로 와인을 제조한다고 해서 틀에 갇혀 있는 것이 아니라, 다양한 면을 고려하여 와인에 필요한 것은 무엇인지 또 그가 원하는 것이 무엇인지 고민하고 결정한다.
의문이 드는 것은 스스로에게 되묻고 나서 여러 번의 테스트를 거치는데 그 중 오렐리앙의 끊임없는 질문과 연구에서 시작되어 이제는 많은 생산자들이 따라 하기 시작한 양조 과정이 있는데 그것은 바로 2차 발효를 위한 병입 시 주입하는 당분에서 확인할 수 있다. 일반적으로 2차 발효를 위한 티라주 작업 시 추가로 설탕과 효모를 뱅 클레르에 녹여 혼합하여 주입한다. 그래야만 당분이 뱅 클레르 안에 있는 효모를 먹으면서 우리가 잘 알고 있는 탄산이 있는 샴페인을 만들어내기 때문이다. 여기서 사용하는 설탕, 즉 당분은 슈크르 드 베터라브(사탕무에서 나온 설탕), 칸 아 슈크르(사탕수수에서 나온 설탕), MCR(모콩상트레 렉티피에 - 포도 주스의 농축액)을 이용하고 주로 이 3가지는 같은 지역인 샹파뉴가 아닌 프랑스 남부 혹은 다른 나라에서 가져온다.

이것들을 사용하는 데 있어 의문을 품는 사람들은 몇몇 비오디나미스트를 제외하고는 없었는데 오렐리앙 또한 이 부분에 의문을 품고 해결점을 찾아 연구하기 시작했다.

그래서 기존에 사용하던 설탕이나 농축액 대신 1년 동안 이미 발효한 뱅 클레르와 이듬해 샹파뉴에서 수확하여 바로 짠 15%의 발효 전의 포도즙을 혼합하여 병입을 할 때 주입하는 방법을 찾아냈다.

수확하여 바로 짠 15%의 포도즙을 사용해 병입한다는 것은 일 년 중 가장 중요하고 바쁜 포도 수확 시기에 더 많은 일을 해야 한다는 뜻인데… 그럼에도 번거롭게 작업을 하는 이유는 가장 순수한 상태의 샴페인을 생산할 수 있기 때문이다. 물론 기존 방법으로 만드는 샴페인도 소량 생산을 지속하고 있다.

까브에 들어서서 오크통에 든 뱅 클레르를 시음하다 보면 조금 남은 한 모금조차 아까워 나도 모르게 제발 조금만 달라고 말하게 되는데 그도 그럴 것이 오크통 하나에서 샴페인 300병 정도가 나온다고 가정할 때, 그의 샴페인 중 상당수는 그 수량에도 미치지 못한다는 것을 잘 알고 있기 때문이다.

로므리에 위치한 그의 포도밭은 멀리서 봐도 그의 것임을 알 수 있다. 포도나무의 높이를 일정하게 만들기 위해 가지를 자르는 대신, 그는 나무의 줄기가 자라도 그대로 내버려둔다. 이것을 르 트레사주le tressage, 꼬아주기라고 하는데 자연적으로 길게 자라 얽히고 설켜버린 가지들을 6월 중에 꼬아주는 작업을 함으로써 포도나무의 스트레스를 줄이고 병충해로부터 보호하며 포도를 잘 생산할 수 있도록 하는 것이다. 요즘 샹파뉴의 비오 혹은 비오디나믹 생산자들 중 이런 방법을 사용하는 사람들이 늘어나고 있다.

모든 포도는 제초제, 화학비료를 사용하지 않고 재배된다. 최대한 자연 발효를 이용하되 최소한의 이산화황 사용에 제한을 두지 않으며 토착 효모를 사용하여 발효를 한다. 섬세하고 흥미로우며 희귀한 샴페인을 생산하는 오렐리앙은 겸손함에도 불구하고 이 지역의 위대한 스타가 되었다. 보통의 요리사는 자신의 레시피를 적어두는 반면, 레시피를 따로 적어두지 않고 그때그때 상황과 영감에 따라 조리를 하며 그 모든 과정을 자신의 기억 속에 저장해두는 요리사도 있다. 오렐리앙은 후자에 가까운데, 그의 모든 경험은 그의 머릿속에 남아있다.

오렐리앙, 그는 여기서 멈추지 않고 과학적인 접근으로 의문점들을 해결하기 위해 실험을 반복하고 샴페인의 품질을 더욱 향상시키고 있으며 그의 포도밭 내에서는 여전히 자연과 삶을 조화롭게 발전시킬 수 있는 방법을 찾아 실천하고 있다.

단 일 분만 그와 대화를 나눠보거나 그의 샴페인을 따라 마셔보는 순간, 당신 역시 그에 관한 이 모든 이야기에 공감할 수 있게 될 것이다.

- **라 시르 트라디시오넬**
  La cire traditionnelle

일부 와인의 경우 왁스로 밀봉한다. 특히 샹파뉴에서 코토 샹프누아Coteaux Champenois 대부분이 왁스 밀봉을 하고 있는데, 왁스는 병목 주위를 예쁘게 보이게 할 뿐만 아니라 거의 완벽한 단열재로 기생충에 의해 쉽게 망가지지 않으며 지하실의 온도와 습도에도 강하기 때문이다. 왁스 밀봉에는 약간의 손재주가 필요한데 병은 가열된 액체 왁스에 1초 이상 담가서는 안 되며, 이 과정에서 병목을 따라 흘러 제품을 망치는 것을 방지하기 위해 반바퀴 돌려야 한다. 왁스 밀봉을 통해 와인의 산화가 느리게 진행되기도 하고, 실질적인 양조학적 유용성이 있다는 것이 과학적으로 입증되기도 했다. 무엇보다 고대부터 사용되었던 이 방법은 샹파뉴의 오랜 전통이다. 왁스는 식물에서 추출한 것을 이용한다.

샹파뉴 떼루아의 진실을 생생하게 보여주는 박물관 같은 까브를 소유한 르그랑-라투르Champagne Legrand-Latour는 마른 강의 오른쪽(북쪽)에 위치한 플뢰리-라-리비에르Fleury-la-Rivière 마을에 자리잡고 있다. 이곳의 토양은 모래, 점토, 석회암으로 구성되어 있으며, 한때 따뜻한 열대 기후의 얕은 바다였음을 보여준다. 이는 샹파뉴 지역 대부분이 과거 다양한 해양 생물로 가득했던 열대 바다였음을 증명한다.

현재 이곳의 대표이자 샴페인 양조자인 티보 르그랑Thibault Legrand의 샴페인이 세상에 나오기 전, 주목받았던 것은 거대한 떼루아의 진실을 보여주는 그의 아버지 파트리스Patrice의 까브였다.

그곳은 4,500만 년 전의 따뜻한 열대 바다 한가운데 있는 듯한 착각이 들 정도로 생생한 모습을 보여주며 방문객들을 매료시켰다. 티보의 아버지 파트리스는 20년이 넘는 세월 동안 지하실에서 300미터가 넘는 터널을 손으로 파고, 그곳에서 나온 2톤 이상의 모래를 매일 꺼냈다. 하루 9시간 이상, 하루도 쉬지 않고 땅을 팠으며 프랑스인들이 중요하게 여기는 휴가조차 스스로 허락하지 않았다.

지하실을 파고 화석을 발굴하는 것은 열정에서 비롯된 그의 삶의 목적이자 존재 이유였다. 이런 이야기를 들으면, 샴페인을 향한 나의 열정과 그동안 걸어온 삶이 한없이 작아 보일 때가 있다.

40cm가 넘는 해조류 화석부터 손톱만한 작은 화석들까지, 형태를 확인할 수 있도록 약간의 흙만 털어내고 천장과 벽에 그대로 두어 전시장을 만들었다.

우리는 늘 떼루아에 대해 이야기할 때 수백만 년 전 이곳이 바다였다고 상상만 할 뿐, 그 사실을 믿지 않는 사람들이 많았다. 나조차도 가끔은 의심이 들 정도였다. 적어도 지질학을 좋아하지 않았던 내가 샴페인이라는 세계로 들어오기 전까지는. 하지만 이 공간에 발을 들이는 순간, 그것이 놀라울 정도로 진실이었음을 깨닫게 된다.

다행히 티보는 주변에 좋은 친구들이 많았는데, 특히 오렐리앙 루캉Aurélien Lurquin과 플라비앙 노왁Flavien Nowack을 통해 유기농 및 바이오다이나믹 농업에

대해 배우면서 포도원에서 일하기 시작했다. 아버지가 그러했듯이 티보는 아버지의 열정을 그대로 물려받았고, 그 열정을 포도밭과 샴페인 양조에 쏟아붓기 시작했다. 그의 부모님도 아들이 원하는 방향에 의문을 품지 않고 전폭적인 신뢰와 지원을 보냈다.

> "처음에는 도멘으로 돌아와서 샴페인을 만들어야겠다는 생각은 하지 않았어요. 하지만 이미 유기농으로 전환하여 포도를 재배하고 샴페인을 생산하는 친구들의 영향으로, 내가 포도 재배와 샴페인 생산을 한다면 아버지의 전통적인 방식과는 다르지만 두 가지를 조화롭게 융합하는 방법에 대해 많이 생각하고 연구할 수 있었어요.
> 그중에서 노왁은 나와 많은 연구를 하면서 큰 도움을 줬어요. 현재 두 개의 전통적인 프레수아Pressoir Coquard를 구입했지만, 2021년까지는 그의 프레수아를 이용했어요."

티보에게 앞서 언급한 오렐리앙 루캉과 플라비앙 노왁의 존재는 큰 의미가 있었다. 같은 철학을 가진 친구들과 유기농과 바이오다이나믹 농업을 연구하고, 다양한 프로젝트를 함께 하면서 혼자일 때보다 더 나은 방향으로 나아갈 수 있었기 때문이다. 그들은 서로 소통하며 많은 긍정적인 시너지를 얻고 있다.

그 덕분에 더 자연스럽고 떼루아에 초점을 맞춘 샴페인으로 바꾸게 되었다. 마침내 그는 2017년에 아버지가 오랫동안 운영하던 협동조합을 떠나 화학 물질과 이산화황의 양을 대폭 줄였다.

아버지의 지질학에 대한 열정을 생물역학적 포도 재배에 대한 자신의 아이디어와 결합시켰고, 2017년 그의 첫 샴페인인 에오센Eocène과 이프레시앵Ypresien을 시작으로 지질학적 시간 척도에 기초한 샴페인을 만들기 시작했다. 많은 샴페인 생산자들이 포도 품종을 기반으로 샴페인을 만드는 것을 선택하는 반면, 티보 르그랑은 시간을 선택한 것이다. 그것은 평생 아버지와 함께한 시간 속에서 자연스럽게 나온 발상이었을지도 모른다.

> "나는 어린 시절 아버지가 핸드 전동 드릴을 이용하여 굴을 파는 모습을 성인이 될 때까지 보면서 자랐고, 나도 그 동굴에서 하루 종일 함께 지내는

날도 많았어요. 아버지가 반평생을 땅을 파고 화석을 발굴하는 데 시간을 보냈다면, 저는 그런 아버지를 보며 자라고 그 안에서 놀면서 시간을 보낸 것 같아요."

이프레시앵과 에오센은 매우 다른 토양의 기원을 가진 두 개의 서로 다른 지질 시대에 해당하며, 이 독특한 브뤼 나튀르 샴페인에서 특별한 방식으로 표현되고 있다. 내가 처음 접한 그의 밀레짐은 세련된 스타일의 아름다움을 간직하고 있었다. 이것이 요즘 말하는 '새로운 변화의 물결'에 부합하는 것일까?

"포도 수확 후, 우리는 거대하고 깊은 저장고의 좋은 환경을 이용해 자연 발효를 진행합니다. 이 저장고는 오크통과 샴페인 병을 보관하고 숙성하는 데 사용되죠. 재미있게도, 아버지는 같은 시기에 이 땅을 파서 조개 화석을 찾곤 하십니다. 기본적으로 1차 발효는 오크통에서 8개월 동안 진행합니다. 그리고 다음 포도 수확 시기에 맞춰 티라주Tirage를 합니다. 왜 이렇게 하냐고요? 저는 다른 당분이나 효모를 추가하고 싶지 않기 때문입니다. 대신 우리 떼루아에서 나온 모 드 레잔(moût de raisin, 발효가 시작되기 전 갓 짜낸 포도즙)을 사용해 2차 발효를 진행합니다. 물론 이 방식은 힘들고 일이 많지만, 제 샴페인에는 다른 것을 넣고 싶지 않습니다. 그래야만 진정한 우리 떼루아의 특성을 보여줄 수 있다고 생각하기 때문입니다."

그리고 이 병은 3년이 넘는 시간 동안 깊은 지하에서 숙성되어, 병 안에 거친 기포 대신 미세하고 섬세한 얇은 기포가 만들어지게 된다.

현재 티보는 3.6헥타르의 포도밭을 관리하고 있다. 그는 매년 조금씩 자연적인 재배 방식을 확대하고 있다. 양을 풀어두어 풀을 뜯게 하고, 비오디나믹 농법의 원칙에 따라 동물이 포도밭에 존재해야 한다는 조건을 충족시키고 있다. 나아가 1헥타르당 100그루의 나무를 심는 프로젝트도 진행 중이다. 인위적으로 생산성을 늘리기 위해 모든 숲을 베어버리기 전의 상태로 돌아가 생물의 다양성을 되찾고자, 현재 반 헥타르에는 이미 나무 심기를 마친 상태다.

아버지가 자신이 태어난 곳의 떼루아의 진실을 알고자 장기적인 프로젝트를 진행한 것처럼, 기다림의 미학이라는 말이 잘 어울리는 티보의 샴페인을 통해 그가 만들어갈 새로운 프로젝트들이 기대된다. 이런 새로운 세대가 곧 샹파뉴에 변화를 가져올 미래라는 것을 생각하면 설렘을 감출 수가 없다.

• **시미 나튀렐 Chimie Naturelle**

발효 과정에서 항상 자연적으로 소량의 아황산염이 생성되기 때문에 완전히 유황이 없는 와인은 존재하지 않는다. 따라서 '아황산염이 인위적으로 첨가되지 않은 와인'이라고 표현해야 한다. 이는 전체 샴페인 양조 과정에서 인위적으로 아황산염을 첨가하지 않았다는 의미이다. 일부 비오디나믹 또는 유기농 샴페인 생산자들이 표기하는 '이산화황 무첨가' 문구는 포도에서 자연적으로 생성된 아황산염은 포함되어 있으며, 인위적으로 첨가하지 않았다는 뜻이다. 아황산염은 토양에서 발견되는 천연 광물이며 연소 시 이산화황이 생성된다. 따라서 포도 처리 과정에서 아황산염을 사용하지 않더라도 포도는 자연적으로 아황산염을 함유할 수 있다는 점을 인지해야 한다.

Champagne Nowack - Vandières

플라비앙 노왁Flavien Nowack은 프랑스에 처음 도착한 장-바티스트 노왁Jean-Baptiste Nowack의 6대손이다. 그의 가문은 1795년경 체코에서 프랑스 샹파뉴의 발레 드 라 마른Vallée de la Marne에 위치한 방디에르 마을로 이주하면서 시작되었다.

3대째인 페르디낭Ferdinand은 필록세라 대재앙 이후 포도밭을 빠르게 재건한 재능 있고 끈기 있는 포도 재배자 중 한 명이었다. 4대째인 페르낭Fernand은 당시 흔치 않았던 양조 작업을 직접 시작하며 와인을 생산했다. 이렇게 그의 가족은 포도밭 재건과 와인 양조의 선구자 중 하나가 되었다. 플라비앙의 아버지인 프레데릭Frédéric은 이를 바탕으로 일찍부터 샴페인을 마을의 개인 고객들에게 직접 판매하거나 유통하는 구조를 개발하며 샴페인 도멘을 더욱 확장했다.

일찍부터 포도 재배뿐만 아니라 샴페인 양조와 유통까지 직접 담당한 곳이 많지 않았기에, 오늘날까지도 그들의 역사는 모두에게 중요하게 여겨진다.

> "아버지는 내게 꼭 자신과 같은 길을 가야 할 필요는 없다고 하셨어요. 내 미래에 대해 어떤 것도 강요하지 않으셨죠. 오히려 내가 원하는 일을 자유롭게 선택하라고 하셨어요. 하지만 나는 다른 일을 하고 싶지 않았죠."

그의 아버지는 플라비앙이 21살이 되던 2011년에 도멘에 합류할 때도 마찬가지로 아들의 선택을 믿고 지지했다. 그래서 플라비앙의 아버지는 그의 어린 나이에도 불구하고 포도 재배와 샴페인 양조에 대해 어떠한 간섭도 하지 않았고, 그가 원하는 대로 할 수 있도록 허락했다.

샴페인 노왁은 일찍부터 개별적으로 샴페인 생산과 유통을 시작하면서, 이에 관한 모든 기록을 빠짐없이 자세하게 남겨두었다. 는 후손들이 확인할 수 있도록 하기 위함이었으며, 그러한 자료들은 지금까지 잘 보관되어 전해져 오고 있다. 플라비앙은 가족의 역사를 바탕으로 과거의 시간을 기억하면서도 새로운 스타일의 샴페인을 만들고자 했다. 그것이 그에게는 중요한 뿌리였기 때문이었다.

"2016년에 포도 수확량이 60% 감소하면서 절망감을 느꼈어요. 가족과 동료들이 내가 가고자 하는 방향을 적극적으로 지지해 줬기에, 포도를 잃은 좌절감보다 더 큰 책임감이 나를 짓눌렀죠. 그 해는 마치 몇 년간의 실패를 한꺼번에 겪은 것 같았지만, 그만큼 많이 성장할 수 있었어요. 지금은 이렇게 편하게 이야기할 수 있지만, 당시에는 제 나약함 때문에 정말 힘든 해였어요. 이런 상황에 대비해야겠다는 결론을 내리게 되었고, 결국 많은 것을 배울 수 있었던 해였습니다."라고 그는 회상했다.

큰 실패를 했음에도 불구하고 그의 아버지와 동료들은 단 한 번도 비난하지 않았으며, 이러한 지지와 신뢰를 바탕으로 플라비앙은 조금 더 현실적이며 실용적인 방향을 모색하기 시작했다. 실수와 실패를 통해 그는 더욱 성장했으며, 경험을 바탕으로 더 넓고 원대한 비전을 그려나갈 수 있게 되었다.

포도밭을 생태계로 되돌리는 작업

현재 샹파뉴 지역은 포도밭으로 가득 차 생물 다양성이 현저히 부족한 상황이지만, 과거에는 과일나무, 다양한 관목, 야생 풀, 그리고 야생 동물들이 조화를 이루고 있었다. 그래서 그는 단순히 포도 수확에만 집중하는 것이 아니라 생태계를 복원하는 작업에 비전을 두고 있다. 매년 1헥타르당 13그루의 나무를 심는데, 이는 포도나무가 스스로 모든 것을 조절하고 자신을 보호할 수 있도록 안내자 역할을 한다고 말한다.

플라비앙은 평소와 달리 조금은 떨리는 목소리로 미소를 지으며 말했다. "과거 샹파뉴는 높은 생산성을 통해 명성을 얻었지만, 미래를 위해서는 변화해야만 합니다." 나는 그의 그런 모습을 보고 조금 놀라기도 했다.

그도 그럴 것이 플라비앙은 목소리 톤이 항상 일정함을 유지하기 때문이다. 간혹 수줍은 미소를 보이기도 하지만, 평소에는 들뜨거나 가라앉지 않은 차분한 태도와 목소리로 이야기를 이어간다. 내가 본 그의 모습은 사적인 자리에서도 다름이 없었다. 늘 일정하면서도 집중하게 만드는 그의 목소리는 자신의 샴페인에 대한 철학을 말할 때도 더없이 완벽에 가까웠다.

플라비앙은 더 나아가 자신의 포도밭 구획을 어떻게 구성해야 잘 표현할 수 있을지 연구하고 터득했으며, 그의 감각적인 논리를 바탕으로 많은 아이디어를 고안했다.

특히 샴페인의 도사주le dosage, 당분 첨가에 대해서 요리할 때 소금을 넣는 행위와 같다고 느끼고, 재료 자체의 맛을 부각하는 정도로 아주 적은 양을 사용하거나 아예 넣지 않았다. 또한 그는 더 많은 것을 원했기에 마세라시옹 펠리퀼레르la macération pelliculaire, 침용을 최소화했고 압축 방식의 중요함을 강조하는 등 다양한 실험을 지속하였다.

그는 과거의 기억과 역사를 기반으로 미래를 향해 나아가고 있다. 마치 한 발은 과거에, 한 발은 미래를 향해 있는 것처럼 말이다.

> "와인 양조자가 자신이 만든 와인을 최종 결과물로 여기듯이, 그 와인을 즐기는 사람들의 취향과 감각 또한 존중받아야 합니다. 각자 취향과 방식이 다르기 때문에, 자신의 감각이 최종적인 판단 기준이 된다고 생각합니다. 취향과 맛에는 옳고 그름이 없고, 단지 차이만 있을 뿐입니다. 정답은 없습니다. 결국 제가 하고 싶은 말은 제가 아무리 샴페인의 맛과 향을 의도했다 하더라도, 그 샴페인을 즐기는 사람들의 취향은 저와 다를 수 있으며, 그 모든 감상이 옳고 타당하다는 것입니다."

CHAMPAGNE
CRU D'ORIGINE
DOMAINE NOWACK
CHAMPAGNE
S.A.
DOMAINE NOWACK
CHAMPAGNE
LES BAUCHETS
DOMAINE NOWACK
CHAMPAGNE
LA TUILERIE
DOMAINE NOWACK
CHAMPAGNE
LA FONTINETTE
DOMAINE NOWACK
CHAMPAGNE
DOMAINE NOWACK
CHAMPAGNE
LES TERRES BLEUES
DOMAINE NOWACK

- **수티라주 SOUTIRAGE**

와인 메이커는 숙성 과정에서 와인에 섞여 있던 침전물을 제거하는 작업을 한다. 이는 와인이 최상의 상태로 숙성되도록 촉진하는 데 필수적인 작업으로, 일부에서는 이를 "청소"라고 표현하기도 한다. 수티라주의 주된 목적은 숙성 과정에서 와인을 불필요한 찌꺼기로부터 분리하는 것이다. 이 작업을 통해 발효 잔류물, 오크통 또는 스테인리스 통 바닥에 축적된 침전물을 제거한다. 이러한 침전물이 와인과 장기간 접촉하면 불쾌한 향과 함께 맛에도 부정적인 영향을 줄 수 있기 때문이다. 수티라주는 와인의 숙성 과정에서 중요한 역할을 한다. 이 과정을 거치면서 와인은 더욱 깨끗하고 순수해지며, 본연의 풍미를 온전히 살릴 수 있게 된다.

마르크 오귀스탱Marc Augustin과 그의 아내 엠마뉘엘Emmanuel을 만날 때는 종종 놀랍고 때로는 신기하며 마치 다른 우주로 온 듯한 흥분감을 느낄 수 있다. 아브네-발-도르에 있는 이 도멘은 입구로 들어설 때부터 다양한 에너지의 기운을 느낄 수 있게 해준다.

마르크에게 포도 재배는 단순히 일이 아니라, 그의 삶이자 자연과 공생하는 방법이다. 그렇기에 그는 자신의 자식들에게 하기 싫은 일을 포도밭에 하는 것을 원하지 않는다. 만약 그와 대화를 나누는 순간이 온다면 와인 재배나 양조에 대한 테크닉적인 부분보다 연금술, 음양의 조화, 에너지학에 대해 더 많은 이야기를 나눌 수 있을 것이다. 그러니 그의 샴페인을, 그리고 그의 철학을 이해하려면 다른 생산자와는 다른 방식으로 접근해야 한다. 그렇지 않다면 당최 무슨 소리를 하는지 이해하지 못할 수도 있으니 말이다.

사실 마르크는 샹파뉴에서도 매우 독특한 비오디나믹Biodynamic 생산자로 분류되며, 많은 사람들에게 끝없는 찬사와 질투를 동시에 받는다. 다른 생산자들도 마르크와 엠마뉘엘이 기존의 비오디나믹과는 다르고 일반적이지 않은 방식을 사용하기 때문에 그들이 특별한 마법을 부린다고 생각하는 것일까?

그러나 실제로 마법이란 것은 그들에게 존재하지 않는다. 이 모든 것은 마르크의 방대한 독서를 통해 습득한 엄청난 양의 지식, 가족들과의 끊임없는 회의, 혀를 내두를 정도로 많이 진행한 실험, 그리고 작은 것 하나도 놓치지 않는 섬세함이 모여 만들어진 결과물일 뿐이다.

그가 이야기하는 비오디나믹은 일반적인 정의와는 조금 다르다. 그는 다른 사람들처럼 비오디나믹에 대한 이론을 100% 따르지 않기 때문에 더 흥미를 유발한다.

> "비오디나믹은 단순한 방식이나 방법이 아닙니다. 그것은 내 삶이 포도밭과 같다는 의미를 지닙니다. 따라서 이는 단지 포도밭을 위한 생체역학적 방법론에 그치지 않고, 내 삶에도 그대로 적용되고 있습니다."

마르크가 처음부터 포도재배나 샴페인 양조를 생각해왔던 것은 아니었다. 스포츠 선수였던 그는 16세가 되던 해 프랑스의 허들 챔피언이 되었다. 실제로 그는 허들에 제격인 큰 키를 보유하고 있다. 선수 시절처럼 자신의 한계를 뛰어넘어 더 큰 가능성을 추구하던 성향은 선수 생활을 마치고 고향인 샹파뉴로 돌아온 후에도 계속되었다.

1970년대, 합성 화학 비료와 살충제의 사용이 전국적으로 확산될 때 마르크의 아버지 장 오귀스탱Jean Augustin은 이를 거부하고 유기농법을 선택했다. 이러한 선구자적 정신은 세대를 거쳐 이어져, 2011년 마르크와 엠마뉘엘은 그 가치를 재발견하게 된다. 그들은 토양과 식물의 균형 및 활력 보존의 중요성을 깨닫고, 한 걸음 더 나아가 생물역학biodynamics을 도입하기 시작했다. 이는 단순한 농법의 변화가 아닌, 자연과의 조화로운 공존을 향한 새로운 여정의 시작이었다.

마르크는 그의 아버지가 아닌 아내 엠마뉘엘을 통해 비오디나믹에 대한 영감을 받았다. 엠마뉘엘은 처음 만난 순간부터 지금까지 빛으로 가득한 사람이다. 그녀가 크게 미소 지을 때면 온화함과 반짝임이 동시에 그녀를 감싸고 있는 듯했다.

종종 엠마뉘엘과 문자를 주고받거나 통화를 할 때면 마지막 인사를 마무리할 때 보통 'Bonne journée좋은 하루 보내세요'로 끝날 때가 많은데 그녀는 늘 반짝임을 강조하는 인사로 마무리한다. 'Excellente journée lumineuse빛나도록 멋진 하루 되세요'라고 하거나, 인사 뒤에 반짝이는 별 이모티콘을 함께 보낸다. 그 문자를 보고 있으면 문자조차도 참 그녀를 많이 닮았다는 생각을 하게 된다.

엠마뉘엘은 마르크에게 그녀가 다니던 대체의학 교육에 함께 참여하기를 요청했고, 이를 통해 마르크는 그곳에서 배운 것을 양조에 적용하려 했다. 처음부터 유기농법을 목표로 한 것은 아니었지만, 점진적으로 화학적 요소를 줄여나가기 시작했고, 어느 순간 자신이 하고 있던 모든 행위가 유기농법으로 나아가는 과정이었음을 깨달았다.

그들은 점점 더 다양한 대체 의학, 동종 요법, 보석학, 병인 요법, 풍수, 지구 생물학, 다우징, 보석 요법, 프로테오디, 샤머니즘과 관련된 다양한 주제의 수많은 교육 과정에 함께 참여하며 빠져들었다. 그 덕분에 고정관념에서 벗어나 사물들을 인식하고 느끼는 새로운 방식으로 전환하게 되었고 그 과정에서 서로 발전할 수 있었다. 그들이 지나온 과정을 모르는 사람들은 가끔 그들과 대화할 때 이해조차

되지 않는 경우가 종종 발생한다.

와이너리가 위치한 아브네-발-도르는 피노 누아로 잘 알려진 마을이지만, 부모님이 샤르도네 품종을 선호하셨기에 이 마을에서 샤르도네를 많이 소유한 와이너리가 되었다. 또한 마르크는 자신의 포도밭을 나타내기 위해 독특한 표식을 눈에 띄게 설치해두었기에, 이 두 마을에 위치한 포도밭 사이를 드라이브하다 보면 멀리서도 그의 포도밭임을 한눈에 알아볼 수 있다.

그는 포도밭의 '환경적 책임' 관리를 옹호하는 선구자였던 아버지의 영향을 받았다. 그는 아브네-발-도르에 6헥타르, 코트 데 블랑Côte des Blancs에 있는 베르튀Vertus 마을에 3헥타르의 프리미에 크뤼를 포함하여 총 9헥타르의 포도밭을 소유하고 있다.

> "저는 포도 줄기의 끝부분을 자르지 않고 덩굴을 그대로 땋아 올려요. 그 끝부분이 한 해의 기후 변화와 상황을 알려주고, 포도나무가 스스로를 보호하는 중요한 역할을 한다고 믿기 때문이에요. 그래서 포도나무가 기후에 대한 기억을 저장하고 스스로 데이터를 형성하도록 돕고, 이를 통해 예상치 못한 기후 변화나 발생할 수 있는 질병으로부터 미리 자신을 방어하는 데 도움이 되죠."

그들의 지하 까브로 들어서는 순간 앙포르Amphore와 오크통이 먼저 눈에 들어온다. 천장은 마치 우주처럼 별빛이 가득하고 수호신처럼 까브를 지켜보는 사자상을 볼 수 있다.

앙포르는 로마인과 조지아인들이 와인을 발효하거나 저장할 때 사용하던 것으로, 시간이 흐르면서 이녹스, 오크통 등으로 변화되었다. 과한 나무향이 배지 않고 난형의 형태로 의해 내부에서 자연적으로 활발한 순환이 일어나서 와인 양조자가 직접 바토나주를 하지 않아도 되기 때문에, 호기심 많은 생산자들은 이의 사용을 점차 늘리고 있다.

마르크 역시 같은 의도로 앙포르의 사용을 늘리고 있으며, 봄이 찾아와 따뜻해지는 시기가 되면 앙포르 주변으로 물이 흐르게 한다. 마치 열을 식혀주는 것처럼.

"물이 앙포라 주변으로 흐르는 건, 마치 태아가 엄마 뱃속에서 양수에 둘러싸여 있는 것과 같은 원리예요. 이 안에서 발효 중인 뱅 클레르Vin clair는 아직 태어나지 않은 아기와 같고, 태아가 양수에 감싸여 있을 때 느끼는 평온함을 생각해보세요. 우리의 뱅 클레르도 스트레스를 받지 않고 평온하게 있도록 하는 방법인 거죠."

포도주 양조에는 침습적 기술이나 인위적인 첨가제가 사용되지 않으며 이산화황의 사용은 최소화된다. 자연 발효가 일어나면서 와인을 여름까지 잔잔한 상태에서 두었다가, 스타터를 통해 2차 발효를 진행하면서 병에서 숙성 과정이 시작된다.

마르크는 이산화황을 거의 사용하지 않거나 아예 사용하지 않는다. 그 이유는 바로 그의 아내 엠마뉘엘이 이산화황에 알레르기가 있기 때문이다. 함께 와인을 즐기기 위해 작업을 하다 보니 점점 사용량을 줄이거나 사용하지 않게 된 것이었다. 또한 놀라운 점은 11월의 포도나무 가지를 잘라 오크통에서 발효 중인 뱅 클레르에 넣어 서로가 소통하도록 한다는 것이다.

"수확 후에 각각의 포도밭에서 나온 포도 가지들이 발효 중인 뱅 클레르와 만나면서, 내년의 포도가 어떻게 될지, 내년 수확이 어떻게 진행될지에 대한 작은 정보를 서로 교환해요. 이렇게 서로 의사소통을 하면서 내년의 포도를 기다리게 하는 거죠."

사람과의 소통처럼 포도밭, 와인과의 소통도 아주 중요하다는 그의 이야기를 들으며 이해가 잘 되면서도 또 한편으로는 놀랍기도 했다.

어떻게 그들의 철학을 몇 장의 페이지로 이해가 가도록 설명할 수 있을까? 몇 년간의 만남과 동행 후에야 이 부부가 말하는 것들이 단지 보여주기 위한 것이 아닌 그들의 진정한 삶의 모습이라는 것을 깨달았다. 사람, 동물, 자연, 모든 사물이 마음과 마음으로 교류하며 서로 소통한다는 그들의 포도재배 철학과 양조방법으로 만들어진 샴페인은 일반적이지 않다. 하지만 그의 샴페인이 전 세계에서 사랑받는 것을 보면, 그의 이념과 양조 방법이 틀린 것이 아니라 단지 다를 뿐임을 보여주는 것이 아닐까? 남들과 다르기에 더욱 특별한 것임을 말이다.

CHARDON
Geranium à
ERIGERON
ORTIES.
PLANTAIN

- **피케 드 테트 PIQUETS DE TÊTE**

포도나무의 덩굴은 전선을 따라 자라난다. 포도밭의 아름다운 풍경은 이러한 줄타기가 파도처럼 끝없이 흐르기 때문에 가능한 것이다. 각 줄의 끝에는 말뚝이 땅에 단단하게 고정되어 있는데, 이를 피케 드 테트라고 부른다. 수십 년 동안 쇠로 된 말뚝이 사용되었으나, 시간이 지나면서 이는 녹슬어 보기 싫은 고철이 되었다. 오늘날 많은 생산자들은 시간이 지나도 지속적으로 관리가 가능한 나무로 말뚝을 세우고 있다. 비록 쇠로 된 말뚝보다 설치가 어렵고 비용도 더 많이 들지만, 그들은 인내와 끈기를 갖고 장기적인 프로젝트에 돌입하고 있다.

어느 크리스마스 이브, 프랑스 친구들이 나에게 선물로 준 책이 있었는데 그 제목을 직역하면 '샹파뉴의 위대한 여성들'이었다. 그들은 내가 샹파뉴에서 위대한 여성이 되기를 바라는 마음으로 준 선물이었겠지만 나는 이 제목을 오로르 카사노바Aurore Casanova 그녀를 위해 사용하고 싶다.

샴페인 오로르 카사노바는 현재 그녀의 남편 장-바티스트 로비네Jean-Baptiste Robinet와 함께 파트너로 와이너리를 운영하며 샴페인을 만들어내고 있다. 그렇다면 앞서 언급한 제목이 왜 그녀에게 어울린다고 생각하게 된 것일까?

오로르 카사노바는 1987년 9월, 그녀의 어머니가 첫 포도 수확을 준비하던 때 샹파뉴가 아닌 파리에서 태어났다. 그녀의 어머니는 1960년대 몽타뉴 드 랭스Montagne de Reims에서 부모에게 물려받은 2헥타르 포도밭에 대한 열망이 있었고, 늘 돌아가서 포도를 재배하고 싶어 했지만 남편과 함께 파리에서 살고 있었다. 오로르의 아버지는 IT 기업가였고 부족함 없는 삶을 살고 있었지만 그녀의 어머니는 포도를 재배하고자 하는 자신의 확고한 의지를 단 한 번도 의심한 적이 없었다.

매일 아침 딸인 오로르를 학교에 데려다 주고는 파리에서 곧바로 샹파뉴에 있는 그녀의 포도밭으로 향했다. 오로르가 엄마의 이런 열정과 끈기를 물려받은 것일까?

어린 시절부터 그녀는 남들보다 빠르게 재능을 발휘하기 시작했다. 3살에 이미 바이올린을 연주하고 발레를 했으며, 유도와 승마까지 배우기 시작했다. 이는 어린 소녀가 소화하기에는 이른 감이 있었다고 해도 과언이 아니었다.

초등학교 4학년 때는 무릎 부상으로 더 이상 춤을 출 수 없다는 진단을 받았지만, 그녀는 재활 치료를 통해 기적적으로 다시 춤을 추기 시작했다. 이 모든 것이 그녀의 어린 시절 이야기이다.

발레리나의 길을 원치 않았던 아버지에게 그녀는 발레를 하면서도 다른 분야에서 뒤처지지 않는다는 것을 보여주기 위해 17세의 나이에 문학 부문 학사 학위까지 취득했다.

이후 전문적이고 국제적인 발레 경력을 쌓은 오로르는 방콕에서

AURORE
CASANOVA
COTEAUX CHAMPENOIS

샌프란시스코까지 다양한 무대에 섰으나 2011년 취리히 발레 아카데미를
마지막으로 돌연 은퇴를 선언했다.

"저는 어린 나이에 세계적인 무대에 설 기회가 많았어요. 가장 예쁘거나 가장 뛰어난 사람은 아니었지만, 자연스럽게 주목을 받았고, 무대 위에서는 내가 꽤 잘하고 있다는 것을 깨달았죠."

그러던 그녀가 왜 샹파뉴 행을 선택한 것일까?

"하지만 화려한 삶과 달리, 어느 순간부터 알 수 없는 어둠 속으로 빠져드는 것처럼 마음의 병이 들기 시작했어요. 어머니와 상의 끝에 1년간 엄마를 도우며 자연과 함께 휴식을 취하고, 다시 복귀할 생각으로 휴직을 하게 되었죠. 일을 완전히 그만두겠다는 결정을 내린 건 아니었고, 잠시 숨을 고를 시간이 필요했던 거예요."

그녀는 대화를 이어나갔다.

"처음 포도밭에 도착한 날은 매서운 추위와 바람이 부는 겨울이었어요. 그런 추위 속에서 홀로 포도밭에서 말할 상대도 없이 가지치기 작업을 하는 게 몸은 힘들었지만, 오히려 자유를 얻은 기분이었어요. 매서운 바람이 나를 스쳐지나가는 가운데, 새소리가 들려오고, 그곳에서 혼자 집중하며 많은 생각을 하지 않아도 됐던 것이 저를 치유해준 거예요."

오로르는 그렇게 포도밭에서 진정한 그녀만의 자유를 찾았고, 1년 뒤 사표를 내고 샹파뉴 행을 선택했다. 그녀의 인생에서 이 같은 결정을 내리기까지 쉽지 않았지만, 그녀는 새로운 인생을 찾아냈다.

"저는 개방적인 부모님을 둔 것이 행운이라고 생각해요. 그들의 세대는 많이 생산하고 많이 파는 것에 집중했지만, 제가 엄마에게 포도밭을 물려받기로 했을 때, 엄마는 제가 원하는 것을 할 수 있도록 적극적으로

지지해주셨어요. 물론 초반에는 말은 안 하셨지만, 종종 제가 잘하고 있나 살펴보시곤 했죠."

그녀의 삶이 완전히 뒤바뀌었다. 화려한 무대에 섰던 수많은 세월은 뒤로 하고, 이제는 토슈즈가 아닌 작업복을 입고 포도밭으로 향한다. 어릴 적 종종 엄마를 따라 포도밭에 갔던 기억만이 남아있을 뿐이었다.

그리고 어머니의 포도원에서 견습생으로 지내면서 특별한 떼루아와 그 모든 비밀에 대한 진정한 열정을 발견했다. 새롭게 구현된 바이오다이나믹 원칙에 따라 다음 세대에 건강한 토양을 물려주고, 아름다운 포도를 수확하여 좋은 와인을 만들고 싶었다. 또한 세대를 거쳐 전승되는 장인 정신과 함께 특별한 샴페인을 만들고 싶은 마음이 간절해졌다. 그래서 아비즈Avize에 있는 양조학교에 입학하였고, 그곳에서 지금의 남편인 장-바티스트를 만났다.

"사람들은 내 뒤에서 수군거렸어요. 어울리지 않는 사람이 이곳에 있다고 말하며…. 가끔은 부정적인 경험도 했죠. 하지만 저는 그런 말에 동요하지 않고, 오히려 여유를 가지고 묵묵히 제 길을 걸어갔습니다."

나는 그 말에 뜨끔했다. 나 역시 처음에는 그녀를 오해했던 사람 중 하나였기에…. 그러나 오로르의 새로운 일은 이전의 일과 동일한 자질들을 필요로 했다. 그것은 균형, 정확성, 우아함, 보이지 않는 수고, 그리고 실패와 좌절에서 얻어낸 좋은 결과들이었다. 마침내 그녀는 사업 파트너이자 사랑의 동반자인 장-바티스트 로비네와 가정을 꾸리게 되었고, 그들은 서로의 철학을 나누며 의견을 교환하고 함께 와이너리를 운영해 나가게 되었다.

장-바티스트는 그랑 크뤼 마을에서도 고급스러운 샤르도네를 생산하는 곳으로 유명한 메닐-쉬르-오제Mesnil-sur-Oger의 포도밭을 소유하고 있었다. 이는 그들의 몽타뉴 드 랭스에 있는 샤르도네와 함께 더욱 다양한 표현을 할 수 있는 계기가 되었다. 오크통에 있는 뱅 클레르Vin Clair를 시음할 때, 몽타뉴 드 랭스의 샤르도네는 조금 더 날카롭고 차가운 반면, 메닐-쉬르-오제의 샤르도네는 감귤류의 향을 내며 따뜻한 느낌을 준다.

그렇다면 그들에게 샴페인은 어떤 의미일까?

"예전 세대에는 샴페인이 식전주로만 여겨졌지만, 저와 남편에게는 특별한 의미가 있어요. 하루 종일 일한 후, 우리는 샴페인을 통해 미래를 향한 대화의 창을 열고, 서로를 더 깊이 이해하게 되거든요. 천천히 올라가는 샴페인 버블처럼 우리의 대화도 서서히 깊어지고, 더 많은 생각을 나누게 돼요. 샴페인은 우리에게 친밀한 순간을 선사하고, 서로의 생각을 확장시켜주는 매개체 역할을 해요."

모든 샴페인 에티켓에는 한 여성이 그려져 있다. 와이너리 이름 또한 남편의 이름은 언급되지 않았기에 많은 사람들이 그녀에게 많은 질문을 던지고는 했다. "왜 남성의 이름이 아닌 당신의 이름으로 되어 있는 거죠?"
그녀는 바로 대답한다.

"사회에서 일반적으로 말하는 것과 달리, 왜 내 이름으로 하면 안 되는 거죠? 남편의 이름으로 와이너리를 대표할 수 있듯이 아내의 이름으로도 와이너리를 대표할 수 있어요. 우리는 상의 끝에 결정을 내렸고, 남편은 제 뜻을 존중했어요. 그리고 샴페인이 처음에 여성으로부터 시작되었다는 것은 잘 알고 있잖아요? 비올렛, 당신도 잘 알고 있는 마담 볼랭저, 마담 클리코를 봐봐요."

그들의 하루는 매일 아침 집 마당에서 자유롭게 살고 있는 거위와 오리, 닭들에게 먹이를 주는 것으로 시작된다. 그리고 어떻게 포도나무를 재배하고 샴페인을 만들며 미래를 나아가야 할지 스스로에게 매일 질문을 던진다. 그러나 그들은 확신에 찬 눈빛으로 나에게 말했다.

"우리는 이제야 인간으로서 우리의 자리를 찾은 것 같아요."

- **라 크레 La Craie**

샹파뉴에서 초크의 역사는 바다가 전체 지역을 덮었던 쥐라기와 백악기 사이의 기간으로 정확히 거슬러 올라간다. 이 지질학적 시대 동안 인상적인 일련의 해양 화석이 형성되었다. 초크의 프랑스어인 '크레Craie'는 라틴어 'Creta'에서 기원했으며, 성게, 굴 등이 서식하는 수심 50~100m의 얕은 바다에 조개껍질과 석회질 미생물이 쌓이면서 형성된 해양 기원 퇴적암이다. 바다의 수면이 점차 낮아지고 사라지면서 이 석회암 진흙이 응고되어 하층토와 샹파뉴 지역의 주성분인 백악질 토양을 형성했다. 샹파뉴의 떼루아가 얼마나 독특한지에 대해 자주 언급되곤 하는데, 이 초크가 바로 샹파뉴의 주요 요소이다.

"Malo" Mesnil

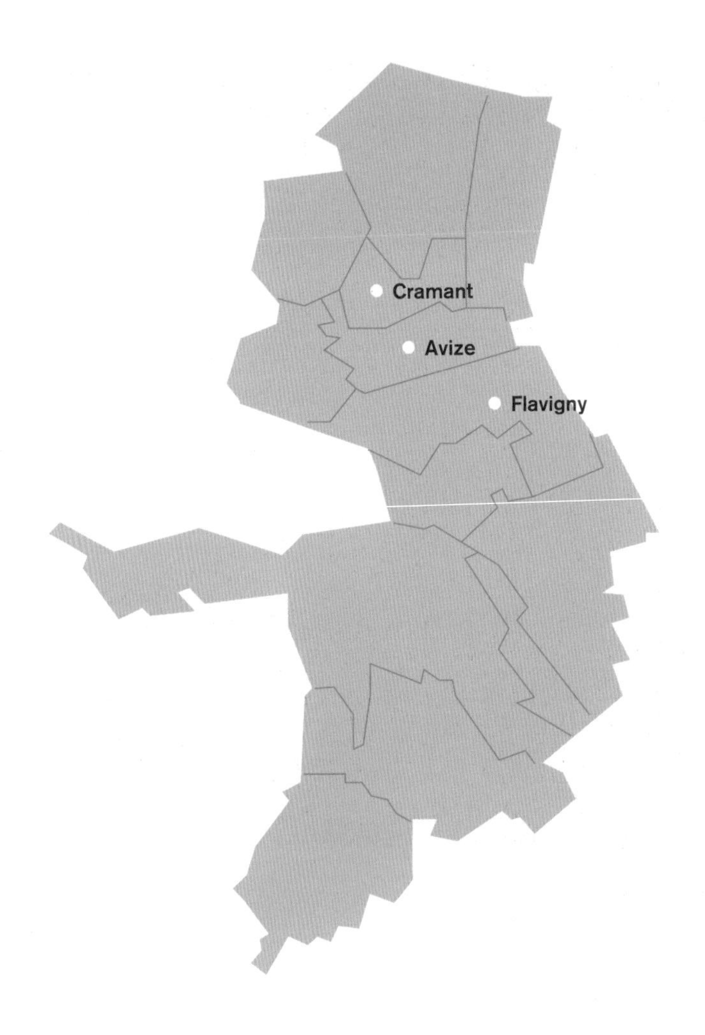

Côte des Blancs

Champagne Waris-Larmandier – Avize
Champagne Les freres mignon – Cramant
Domaine La Rogerie - Flavigny
Domaine Jacques Selosse - Avize
Champagne Etienne Calsac - Avize

코트 데 블랑
Côte des Blancs

샴페인 와리-라르망디에 – 아비즈
Champagne Waris-Larmandier – Avize

클래식한 와이너리들이 즐비한 가운데, 아비즈에 새로운 변화의 물결이 찾아오면서 어느새 개성 있는 제품을 생산하는 와인 생산자들이 눈에 띄게 많아졌다. 그중에서도 에티켓부터 범상치 않아 눈길을 끄는 와이너리가 있는데 그곳은 바로 샴페인 와리-라르망디에이다.

와리-라르망디에는 1989년 뱅상 와리Vincent Waris와 마리 엘렌 라르망디에Marie Hélène Larmandier가 결혼하면서 만들어진 와이너리로, 두 가문의 이름을 넣어 샴페인 와리-라르망디에로 결정하면서 시작되었다. 그러나 뱅상 와리가 30대의 젊은 나이에 갑자기 세상을 떠나게 되었다.

다행히 그의 외삼촌이 코트 데 블랑Côte des Blancs 지역의 다른 마을에서 와이너리를 운영하며 샴페인을 직접 생산하고 있어서, 아이들이 성인이 되어 와이너리를 물려받기 전까지 뱅상의 어머니와 함께 와이너리를 관리해 왔다.

마리 엘렌은 매우 쾌활하고 웃음이 넘친다. 처음 만나는 사람과도 이미 알고 지내는 사람처럼 이야기를 나누는데, 그녀를 생각하면 멀리 있어도 그 목소리가 들리는 것 같은 느낌까지 들고는 한다. 보자르에서 미술학을 전공한 그녀는 다양한 곳에서 영감을 받아 그림을 그리는 것을 즐긴다. 현재 그들의 와인 라벨도 마리 엘렌의 디자인을 넣어 탄생한 것이다.

와리-라르망디에와의 첫 만남은 일부 포도밭을 비오디나믹으로 전환하면서 말과 함께 진행하는 와이너리 오픈 이벤트를 하루 동안 진행했을 때였다. 우연히 그 공지를 보고 찾아가게 되었는데, 그때의 인연으로 많은 사람들을 알게 되었다. 여담이지만, 그중 한 사진작가와는 세월이 흘러 이 책의 사진을 함께 작업하게 되었으니 얼마나 기막힌 인연인가? 지금도 우리는 종종 그 첫 만남을 회상하곤 한다.

다시 마리 엘렌의 이야기로 돌아가면, 그녀는 보자르에서 미술을 전공하였고 꽃과 식물, 자연에서 영감을 받아 현재까지도 그림을 비롯한 다양한 작품 활동을 멈추지 않고 이어오고 있다. 와리-라르망디에의 리우디 퀴베들을 제외한 대부분의 에티켓은 마리 엘렌이 직접 디사인한 것이다.

피에르-루이Pierre-Louis는 건축가와 디자이너로 활발하게 활동하다가 샹파뉴로 돌아와 2016년~2017년 사이에 가족과 함께 새로운 비전을 위해 와이너리에 합류했다. 그러나 여전히 오랫동안 전문 분야였던 건축과 와이너리, 두 개의 프로젝트를 동시에 진행하고 있다.

> "나의 형 장-필립Jean-Philippe은 2009~2010년 사이에 와이너리에 합류했습니다. 그 전에는 베누아 라예Champagne Benoît Lahaye에서 인턴십을 하면서 앞으로 우리 와이너리를 어떻게 운영하고 미래를 어떻게 그려나갈지 구상했죠. 그의 영향을 받아 비오디나믹 농법으로 전환해야겠다고 결심했어요. 저는 2016~2017년 사이에 와이너리에 합류했지만, 이전 직업이었던 건축가로서의 경력도 여전히 가지고 있습니다."

뒤이어 여동생도 합류했는데 피에르-루이처럼 와이너리 운영과 함께 세라믹 디자이너로서도 활발하게 활동하고 있다. 그녀의 고객은 주로 미슐랭 레스토랑, 와이너리 등이다.

예술적 마인드를 가진 세 남매는 고향인 아비즈로 돌아와 가족 와이너리에 합류하였고, 예술과 농업의 감성을 중심으로 한 삶의 방식으로 변화를 주었다. 그들은 어머니와 세 남매를 삼각형으로 표현하며 그 중심에 어머니가 있음을 강조한 '세 개의 뿌리' 디자인을 만들었다. 이는 그들의 샴페인 병에서 쉽게 찾아볼 수 있으며, 이전과는 다른 방향으로 와리-라르망디에를 재설립하는 것처럼 모든

LE VIN
COMME
ARCHITECTURE...
JUSTE
DE
DE MATIERE

것의 균형을 잡고 다양한 방면으로 확장되며 그들의 예술적 비전을 제시하고 있다.

샴페인 병에 항상 각인되어 있는 세 남매를 나타낸 삼각형은 특히 리우디 라인에서 현재와 미래를 상징하는 특징이 두드러진다. 기존에 생산되던 샴페인 종류와 달리 리우디 라인은 남매가 돌아온 직후에 시작된 프로젝트 샴페인으로, 이전과는 다르게 와리-라르망디에를 과거를 바탕으로 새로 설립하는 것처럼 다양한 방향으로 확장되고 있다. 그래서 리우디 라인에는 마리 엘렌이 디자인에 참여하지 않고 오로지 삼각형의 이미지만 존재한다.

이렇게 그들은 샴페인 양조와 건축, 디자인이라는 다양한 활동 안에서 그들의 예술적 비전을 제시하며 나아가고 있다.

프랑스에서는 성인이 되면 부모에게서 독립해 지내기 때문에 와리-라르망디에 형제들이 한 집에 살지는 않지만 그들은 여전히 같은 마을에서 살고 있다. 이네스와 피에르-루이는 아비즈에 또 다른 아틀리에를 오픈했다.

그곳은 앞서 언급했듯이 세라믹과 건축, 디자인을 중심으로 선보이며 다양한 워크숍도 운영한다. 그들은 와인 양조뿐만 아니라 일상생활에서도 다른 가족들과 더욱 밀접하고 복잡한 관계를 유지한다. 가족이자 가장 친한 친구이면서 다양한 사업의 파트너이고, 서로의 다른 예술적인 면에서 영감을 주고받는다.

> "우리의 생활 방식은 복잡합니다. 가정생활과 일이 서로 밀접하게 연결되어 있죠. 어머니는 종종 우리 남매에게 이렇게 말씀하셨습니다. "좋아하는 일을 찾으면 일하는 것이 아니라 즐기는 거란다." 그래서 우리의 열정은 때때로 일반적인 이해를 넘어서기에, 항상 더 잘하고 더 많이 하고 싶어 합니다. 시간은 우리에게 합리적이고 양심적이 되라고 가르쳐줍니다."

마리 엘렌은 항상 열정적이고 모든 것을 즐기며 자녀들의 선택을 적극적으로 지지하고, 새로운 변화를 두려워하지 않는 사람이다. 가족과 함께 어우러지며 살아가는 그녀의 모습이 인상적이다.

제일 먼저 가족 사업에 합류한 장-필립은 2011년에 9헥타르의 오래된 포도밭을 바이오다이나믹 및 재생 농업을 활용하여 변경하기 시작했고, 그 결과 와리-라르망디에는 2020년 데메테르Demeter로부터 바이오다이나믹 인증을

ATELIERS COQUARD
FISMES

받을 수 있었다. 슈이이Chouilly, 크라망Cramant, 아비즈Avize, 오제Oger 및 메닐-쉬르-오제Le Mesnil-sur-Oger 마을에 위치한 그랑 크뤼 샤르도네로 이루어진 오래된 포도밭을 소유하고 있다. 또한 몽타뉴 드 랭스에는 소규모의 피노 누아 및 피노 뫼니에 포도밭을, 코트 데 바Côte des Bar 즉 오브Aube에서도 소규모 포도밭을 경작하고 있다.

2021년까지 와리-라르망디에는 블랑 드 블랑 샴페인을 전문으로 하는 절제되고 구조적이며 매우 우아한 스타일로 유명했다. 2022년부터는 피노 누아로 만든 코토 레드에도 심혈을 기울이고 있다.

장-필립은 바이오다이나믹 농법에 열정적이지만, 대중 앞에 나서는 것을 극도로 꺼린다. 그래서 대외 활동은 주로 그의 동생이 담당하는 반면, 포도밭과 셀러에서는 그 누구보다 진지하고 집중적으로 일한다. 양조 작업은 혼자만의 시간이 많이 필요한 일이기에 그가 특히 선호한다.

그는 각 떼루아를 절대적으로 존중하며 지역별 샴페인에 초점을 맞춘다. 와리-라르망디에 외에도 다른 도멘들이 바이오다이나믹 농업으로 전환하는 것도 돕고 있다. 장-필립은 탁월함을 추구하면서 잘 알려지지 않은 역사 속 포도 품종, 장기 숙성, 지역 오크통 활용, 단일 포도원 구획 분리 등의 실험을 해왔다. 그들의 와이너리에서는 미래를 향한 엄청난 에너지가 분명히 느껴진다.

흥미로운 점은 발효 시의 낮은 압력이 와인에 섬세하고 크림 같은 무스와 부드러운 탄산감을 준다는 것이다. 그 결과 와리-라르망디에의 샴페인은 거칠고 탄산이 강한 식전주보다는 고급 요리와 어울리는 미식 샴페인으로 자리 잡게 되었다. 또한 그는 와인메이커들이 종종 과도한 탄산으로 열등한 떼루아나 잘못된 양조를 감추려 한다고 보며, 압력이 낮을수록 오래된 포도밭의 떼루아가 더 명확히 표현된다고 믿는다.

아비즈 마을에서 그들은 오래된 헛간을 허물고 아틀리에로 재탄생시켰다. 정원에는 포도나무와 각종 채소가 심어져 있고 닭들도 함께 어우러져 있다. 그들은 바이오다이나믹 채소밭을 활용해 소유지를 다문화 농업으로 전환하는 등 다양한 프로젝트에 기여하고 있다.

디자인은 피에르-루이와 이네스가 담당했으며, 이네스가 제작한 세라믹 플레이트에 제철 채소로 요리한 음식들을 담아 샴페인과 함께 즐긴다. 물론 가끔 많은 사람들을 초대해 이러한 시간을 함께 즐기기도 한다.

"우리는 종종 삶의 단순함과 창의성으로 가득 찬 놀라운 장소, 맛있는 음식을 함께 나누는 멋진 순간을 상상합니다. 이는 곧 우리가 나아갈 미래이기도 합니다. 식물과 동물, 그리고 훌륭한 와인으로 에너지가 넘치는 그런 곳 말입니다."

- **르 자르댕 / 나튀렐**

  LE JARDIN / NATUREL

유기농, 자연주의 농업을 추구하는 샴페인
생산자들은 자신의 와이너리와 집에
화려하게 가꾸어진 정원이 아니라 유기농
텃밭과 닭과 오리, 오래된 포도나무가
공존하는 환경을 꾸민다. 그들의 철학은
단지 샴페인을 만들 때 포도밭에서만
사용되는 것이 아니라 일상에서 함께한다.
자연의 순환은 어디에서나 중요하게
강조되며, 주로 자신의 텃밭에서 나오는
제철 식재료를 이용해서 요리를 한다.

샴페인 레 프레르 미뇽 - 크라망

Champagne Les freres mignon - Cramant

크라망Cramant을 기반으로 하는 플로랑Florent과 줄리앵 미뇽Julien Mignon은 할아버지가 포도를 재배하고 일찍부터 샴페인을 양조하는 집에서 태어났다. 그러나 그들의 아버지는 포도 판매와 협동조합 일에 집중하면서 포도 양조를 중단하였다.

두 형제는 샴페인 양조에 대한 열정을 품고 가족들과 아버지를 설득해 2015년 마침내 부모님으로부터 포도밭을 물려받을 수 있었다. 어머니 쪽에서는 아비즈Avize의 첫 번째 그랑 크뤼Grand Cru에서 포도나무를 받았고 아버지 쪽에서는 퀴Cuis, 뀨미에흐Cumiers 및 크라망Cramant의 토지를 받았다.

2016년 첫 포도 수확을 앞두고 양조 시설이 필요했기에, 그들은 포도 양조를 위한 건물을 짓기 시작했다. 덕분에 2016년 첫 포도 수확을 성공적으로 진행할 수 있었다.

> "첫 포도 수확은 2016년에 했고, 그 포도로 만든 샴페인을 2019년에 처음으로 세상에 선보였어요. 두 번째 해인 2017년은 수확이 좋지 않아 모두에게 힘든 해였지만, 저는 이상하게도 이 빈티지가 가장 마음에 듭니다."

그는 함께 까브로 내려가서 뱅 클레르를 시음하자고 권했다. 이녹스에 들어있는 크라망에서 수확한 샤르도네를 시작으로 오크통에 있는 같은 년도에 수확한 동일 조건의 샤르도네, 그리고 3년된 오크통과 새 오크통을 각각 사용해 발효한 와인을 시음했다. 이는 각기 다른 조건에서 수확했지만 숙성 과정에서 다양한 조건을 주면 서로의 장점은 부각시키고 부족한 부분은 보완할 수 있기 때문이다.

흥미로운 것은 그의 로제였다. 이전에 한 번 로제를 생산한 적이 있었지만, 이번에 준비하고 있는 로제는 아직 세상에 나오지 않은 상태로 오크통에서 때를 기다리고 있었다. 샹파뉴에서 로제는 일반적으로 로제 아쌍블라주 혹은 로제 드 세니에 방식으로 양조하는데, 프레르 미뇽은 다른 방법을 실험하고 있었다.

"이 로제를 시음해 보세요. 하지만 로제 세니에가 아니란 점을 기억해 주세요. 이것은 라 마세라시옹 카르보니크la macération carbonique를 이용했어요. 샹파뉴에서는 별로 사용하지 않고 보졸레에서 주로 사용하는 방법이지만, 요즘에는 샹파뉴에서도 가끔 이 방법을 이용해서 로제를 만들고는 해요. 로제 세니에보다 붉은 과실향과 사탕 같은 향기의 달콤함이 숨겨져 있죠. 게다가 산도가 좀 더 균형 잡혀 있어서 무겁지 않아요. 나는 마음에 드는데, 어떤가요?"

간단히 설명하자면, 라 마세라시옹 카르보니크(탄산침용)는 수확한 포도송이를 따로 압착하지 않고 포도알 자체를 탱크에 넣어 이산화탄소를 채워 발효가 일어나게 하는 방법이다. 또는 밀폐 후 무게로 인해 아래쪽이 자연스럽게 으깨지며 과즙이 나오고, 과즙과 포도껍질에 있는 효모가 만나 발효가 이루어게 할 수도 있다.

또한 플로랑은 이산화황의 사용을 최소화하고, 포도를 압착 후 225리터의 오크통과 600리터 드미-뮈이demi-muid, 600리터의 오크통을 일컫는 명칭, 그리고 이녹스로 옮기면서 토착효모로 자연 발효하고 약 10개월간 숙성을 한다. 10개월의 시간을 거쳐 1차 발효를 마친 후 병입 시 여과 또는 정화 없이 진행하며, 약 2년간 2차 발효를 거친 뒤 데고르주멍을 한다.

그의 형제인 줄리앵은 포도밭을 담당하는데 자연 친화적인 재배 방식을 유지하고 있다. 포도밭에는 오래된 포도나무가 많고, 벌, 닭 등과 그의 사랑스러운 마스코트인 강아지까지 포도밭의 중요한 구성원으로 함께하기도 한다.

프레르 미농의 에티켓에는 늘 두 형제가 등장한다. 4계절 동안 함께하는 두 형제의 시간을 에티켓에 녹여낸 것이다. 이 그림을 보고 있으면 랭스 대성당의 스테인드글라스가 종종 생각이 난다. 글을 읽을 수 없었던 당시의 와인 생산자들을 위해 포도 재배와 수확 그리고 발효하는 장면까지 세세하게 그림으로 그려놨던 것인데, 이 우애 좋은 형제도 어쩌면 그들의 샴페인을 마시는 사람들에게 어떻게 샴페인이 만들어지는지 그 과정을 사랑스럽게 표현한 것은 아닐까?

어느 해 가을, 플로랑은 포도수확 시기가 되어 이틀 정도 일손이 더 필요하다고 했다. 샹파뉴에서 포도는 모두 손으로 수확해야 되었고 잠시 가서

도와주기만 하더라도 인원에 맞게 신고를 미리 해야 된다. 경찰이 말을 타고 다니며 확인하거나 갑작스럽게 와이너리로 와서 확인하기도 한다. 단지 하루만 친구로서 도와줄지라도 혹시나 모를 경우를 대비하여 일용직 계약서를 등록했다.

내가 참여한 날은 프리미에 크뤼로 분류된 뀌미에흐라는 마을에서 포도를 수확할 타이밍이었는데 마른 강이 흐르는 지점을 볼 수 있었다. 돔 페리뇽 수도승의 마을로 유명한 오빌레 마을에서 뀌미에흐 사이를 지나는 강을 주로 내려다보고는 했다.

뀌미에흐는 위치상으로 발레 드 라 마른Vallée de la Marne에 있지만 코트 데 블랑Côte des Blancs과 몽타뉴 드 랭스Montagne de Reims와도 근접하여 다양한 특성을 갖고 있다. 특히나 플로랑의 포도밭은 이 마을에서도 다양한 위치에 있고 포도 품종도 3가지나 재배하는 덕분에, 포도를 수확하는 동안에도 같은 포도 품종, 같은 마을이지만 이렇게나 다른 맛을 내는구나 하는 것을 더 확실히 경험할 수 있었다. 샴페인을 만들기로 결정한 순간부터 처음으로 받았던 포도밭이 위치한 곳이자, 앞서 언급했듯이 다양한 환경과 포도 품종 덕분에 레 프레르 미뇽에서는 뀌미에흐 마을에서 나온 포도로 밀레짐 샴페인을 선보일 수 있었다.

"우리의 와인은 테이블 위에 놓였을 때 더 빛을 내는 것 같아요. 내가 요리를 좋아해서 이를 염두에 두고 샴페인을 만들고 있기도 해요. 누군가가 우리의 샴페인을 마실 때 무엇보다 좋은 순간에 샴페인을 오픈했으면 좋겠어요."

그들은 비교적 젊은 생산자이며 첫 샴페인이 세상에 소개된 지 몇 년이 지나지 않았다. 그러나 프랑스의 많은 전문가들은 그들은 이미 스타 대열에 합류했다고 말한다.

그들은 어리지만 진실되고 자신이 물려받은 포도밭을 무엇보다 소중하게 여기며 더 깊게 뿌리를 내리고 있다.

그들이 이토록 전 세계에 빠르게 사랑을 받을 수 있었던 것은 거만하지 않은 그들의 순수함, 진실성, 그리고 다양한 실험을 통해 품질 좋은 와인을 만들기 위한 노력과 열정이 모두 어우러져 빛나기 때문이 아닐까?

그들은 말수가 적다. 그리고 부끄러움도 많고 낯도 많이 가린다. 하지만 포도밭과 샴페인에 대해서는 빛나는 열정으로 대화를 나눈다. 과묵하지만 언제나 빛나는 사람들. 그래서 그들의 샴페인을 마실 때는 늘 편안함과 즐거움이 따라온다. 진정한 관계는 많은 말을 하지 않아도 편안한 것처럼.

• **레 비뉴 Les Vignes**

포도밭의 사계절은 샴페인 제조 과정에서 90% 이상의 역할을 차지한다. 포도밭의 사계절을 온전히 이해할 때 그들의 샴페인 품질을 예측할 수 있으므로, 와이너리를 방문할 때는 시음 전에 먼저 포도밭을 둘러보기를 권한다. 현재 샴페인 와인 생산자의 1%만이 유기농 인증을 받았지만, 이 비율은 꾸준히 증가하고 있다. 한편 공식 인증은 받지 않았어도 유기농 재배를 지속적으로 실천하는 생산자들도 있다. 이는 포도밭에 가까이 가서 땅을 살펴보면 알 수 있다. 유기농 인증을 받은 곳은 인증 표시가 있고, 포도나무 아래에 허브나 다양한 풀들이 자라는 반면, 그렇지 않은 곳은 메마른 땅으로만 가득하여 확연한 차이를 보인다.

젊은 커플 프랑수아 프티François Petit와 쥐스틴 복슬러Justine Boxler가 있는 라 로즈리는 아비즈에서 2015년 시작되었다. 샹파뉴로 돌아오기 전, 그들은 외국에서 일과 공부를 병행했는데, 두 사람의 인연은 그 이전 프랑스 대학교에서 시작되었다.

> "2014년 말에서 2015년 초 사이에 다시 프랑스로 돌아오기로 결정했을 때, 우리는 새로 만들어갈 와이너리에 대해서 많은 것들을 상상했어요. 그리고 하나의 연결점이 되기로 했죠. 다시 말하자면 라 로즈리는 알자스Alsace와 샹파뉴Champagne의 연결이라고 볼 수 있어요. 내 가족은 아비즈 출신이고, 쥐스틴은 알자스의 작은 마을인 니더모르슈비르Niedermorshwihr 출신이니까요. 그녀의 부모님 또한 오래 전부터 포도를 재배하며 와인을 생산하는 가문입니다."

샹파뉴의 포도 재배 면적과 비교하면 아비즈는 262헥타르라는 작은 규모의 그랑 크뤼이며, 석회질 토양의 특징을 갖고 있다. 조개껍질 화석과 벨렘나이트의 화석으로 이루어져 있기도 하다. 샹파뉴로 돌아온 이 부부는 할아버지가 일찍부터 포도 재배와 양조를 동시에 하고 있었기 때문에 이를 그대로 물려받았고, 2020년 말까지는 따로 와인 저장고가 없어 할아버지의 까브를 사용했다.

그렇게 2015년부터 가족이 운영하던 포도밭을 새로 가꾸기 시작했고, 2018년부터는 리우디를 분리하는 작업을 했다.

> "우리의 포도밭은 아비즈에만 있어요. 하지만 크라망Cramant과 오제Oger의 경계선에 위치하기 때문에 좀 더 다양한 특징을 갖고 있기도 하죠."

1950년대에 그의 할아버지가 심은 포도나무들 덕분에 라 로즈리는 샹파뉴로 돌아왔을 때 포도밭을 따로 손 볼 필요가 없었다. 그리고 현재까지 말과 트랙터를 이용하여 쟁기질을 하고 토양의 생명을 증진하는 동시에 뿌리가 땅 깊이 더

DOMAINE
LA ROGERIE
FAMILLE PETIT-BOXLER
• VINS DE CHAMPAGNE ET D'ALSACE •

Chemin
de Chalons

내려갈 수 있도록 돕고 있다. 포도밭을 부드럽게 경작하면 할수록 나무가 뿌리를 더 깊게 내리면서 제초제의 사용을 최소화할 수 있기 때문이다. 그들이 원하는 것은 가능한 백악질 토양의 순수한 특성을 많이 끌어내는 것이다.

동시에 라 로즈리는 앞서 언급한 것처럼 샴페인과 알자스를 이어주는 다리 역할을 하기 위해서 알자스 와인도 함께 생산하기 시작했다. 현재는 새 오크통도 사용하고 있지만 그동안은 셀로스에서 사용하던 오크통을 활용했다. 자신의 떼루아와 샹파뉴의 정신이 알자스 와인에도 녹아들기를 바라며, 본인들의 와이너리에서 발효할 때 몇 차례 사용한 통을 그대로 알자스로 옮겼다. 그들은 첫 알자스 와인으로 피노 블랑 품종을 선택했다.

> "쥐스틴의 가족이 운영하는 복슬러Boxler 와이너리와 협력하여 <부크Bouc>이라는 이름의 피노 블랑으로 화이트 와인을 만들었어요. 그리고 2020년부터는 알자스의 두 곳에서 피노 블랑과 리슬링Riesling, 피노 누아까지 품종을 늘리고 더욱 체계적으로 구별하는 프로젝트를 진행 중입니다. 샹파뉴에서도 하고 있는 것들을 더욱 확장할 예정인데, 할아버지가 1950년에 심은 각각 다른 두 곳의 포도나무로 무엇인가를 만들어 내기 위해서 준비하고 있어요."

2020년 하반기가 되면서 몸이 몇 개인가 싶을 정도로 바빴던 이들 부부는 그동안 따로 사무실이나 양조를 위한 저장고가 없어 할아버지의 집을 함께 사용했다. 하지만 가문이 소유하던 큰 메종을 이들의 미래를 위해 물려주기로 결정하면서 옆 마을인 플라비니Flavigny로 거주지를 옮기고 대규모 공사에 착수했다. 이들에게 2020년부터 2022년까지의 코로나 시기는 오로지 자신들을 정리하고 변화하면서 내면에 집중할 수 있었던 계기가 되었다.

현재 모든 공사가 마무리되고 그들은 할아버지의 까브에서 옮겨와 새로운 보금자리에서 새로운 출발을 시작했다.

> "나는 무엇보다 성실하고 겸손해야 한다고 생각합니다. 포도를 재배한다는 것은 더 나은 삶을 위한 대사이자 대변인이 되는 것이며, 다른 사람들과의 관계를 넓히고 깊이 뿌리내리는 확장된 삶을 갖는 것입니다."

그런 의미에서 그들은 각각의 샴페인을 예술가의 손길로 마무리하고 있다. 이러한 협업은 샴페인을 예술로 승화시키며 그들만의 철학을 보여주는 것이기 때문이다.

결혼을 하고 첫 아이가 태어난 지 한 달 만에 처음 만났던 젊디젊은 부부는 어느새 둘째를 낳고 새로운 보금자리에서 새출발을 시작했다. 그 짧은 몇 년 사이에 그들이 얼마나 성장했는지 살펴보면 놀라울 따름이다.

Chemin
de Chalon

- **아비야주 마뉘엘 에티케트 Habillage manuel étiquettes**

기계를 통해 에티켓을 부착하고 있지만 일부 샴페인 생산자들은 수작업으로 에티켓을 샴페인 병에 부착하는 작업을 꾸준히 진행하고 있다. 이는 대량 소비 제품이라는 인식에서 벗어나, 핵심적인 정보와 자신만의 트렌드를 전달하는 마지막 단계이기 때문이다. 물론 이러한 방법은 시간과 노동력이 많이 들어간다. 이는 생산자가 직접 진행하는데, 하나하나 작품에 번호와 사인을 기입하듯이 그들은 샴페인 한 병 한 병에 번호를 기입하고, 그것을 구매한 소비자는 자신이 몇 병째 샴페인을 컬렉션하였는지 확인할 수 있다.

CHAMPAGNE
LA ROGERIE

레콜탕-마니퓔랑Recoltant-Manipulant 샴페인의 변화를 이끌었던 대표적인 와이너리, 누군가가 만든 길이 아니라 자신의 길을 개척해 나간 개척자이자 신화로 남을 만큼 전 세계 사람들을 매료시킨 샴페인, 바로 자크 셀로스Jacques Selosse다.

2차 세계대전 후 자크 셀로스가 1947년에 아비즈로 이사하면서 그의 이야기가 시작되었다. 앙셀름 셀로스Anselme Selosse의 아버지인 자크 셀로스는 샴페인을 양조하는 집안 출신은 아니었지만, 몇 그루의 포도나무를 구입하기 시작했고, 1949년 그와 그의 아내는 그의 이름을 딴 와이너리를 설립했다. 처음에는 포도 재배만 하다가 1964년에 그들의 첫 샴페인을 생산하게 되었다. 이때까지만 해도 그의 이름이 알려지지 않았고, 주변 상인들에게만 판매했다.

그리고 '샴페인의 신', '선두주자' 등 많은 칭호를 가진 그의 아들 앙셀름 셀로스는 부르고뉴에서 공부를 마치고 와이너리에서 일하다가 샹파뉴로 돌아오게 되었다. 그가 20살이던 1974년 1월에 샹파뉴로 돌아왔을 때, 시작은 매우 미약했고 많은 고비와 어려움을 겪었다.

> "우리 부모님은 내가 샹파뉴로 돌아오는 것을 원치 않으셨어요. 부르고뉴에서 계속 일하기를 바라셨지만, 제가 돌아오자 실망하셨어요. 그분들은 자주 피곤해 하셨고, 제가 자리를 잡아가는 동안 예상보다 빨리 돌아가셨어요."

아무것도 없는 백지에서 시작하여 자신의 생각을 해석하고 현실로 만드는 이 과정은 오늘날 다른 샴페인 생산자들에게서도 종종 볼 수 있다. 그러나 앙셀름에게는 더욱 어려운 환경이었음이 분명했다. 그가 샹파뉴로 돌아왔을 당시, 샴페인 업계는 보수주의에 갇혀 있어 자신의 의견을 자유롭게 표현하거나 새로운 시도를 할 수 없는 상태였기 때문이다. 1978년 그는 자신의 첫 샴페인을 23프랑에 팔았고, 1984년까지 파리의 포르트 드 클리냥쿠르Porte de Clignancourt 벼룩시장에서 계속 판매하면서 샴페인에 대한 아이디어를 하나씩 떠올렸다. 그것은 가장

2

JACQUES SELOSSE
millésime
MILLÉSIME
CHAMPAGNE
GUILLAUME S.

기본적인 질문에서 시작되었다.

"샴페인이란 무엇인가?"

25살에 그는 자신이 마시고 싶은 샴페인을 만들 수 없다는 것을 깨달았고, 방법을 바꾸기 시작했다. 각종 허브와 풀을 활용하고 포도 수확량을 제한하기에 이르렀다.

"나와 같은 철학을 가지고 앞서 나간 선례가 없어서 너무 어려웠어요. 어디로 가고 싶은지는 알았지만 그것을 누군가에게 설명할 수가 없었죠. 내가 무언가를 설명해도 그들은 이해하지 못했을 테니까요. 1980년에는 유기농으로 전환했어요. 내가 추구하는 것에 대한 실험이 집착이 되어 이혼 위기를 맞았고, 6년 후 현재의 아내와 재혼했어요. 하지만 그녀에게조차 내가 어떤 방향으로 가고 싶은지 설명하지 못해 우리 관계는 바닥을 치며 불행하기도 했죠."

1990년대 샹파뉴의 경제 위기가 오히려 그에게 주요 전환점이 되었다. 제롬 프레보Jérôme Prévost가 이끄는 젊은 포도 재배자 연합Union des jeunes vignerons 그룹은 이 시기에 시야를 넓히고 그들의 방향을 더 명확히 하고자 3년 동안 루아르, 알자스, 부르고뉴를 함께 여행했다. 이를 통해 샴페인에 적용할 새로운 비전을 그리고 문제의 해결책을 찾을 수 있었다. 어려움이 돌이켜보면 좋은 결과를 가져다준다는 말이 여기에 적용되는 것은 아닐까?

앙셀름 셀로스는 이미 샹파뉴에서 혁신적이고 강력한 비전을 가지고 있었지만 그의 열정과 지식에 대한 탐구는 끝이 없었고 이를 계속 추구해 나갔다. 2004년 그는 일본을 방문해 퍼머컬처의 창시자 후쿠오카 마사노부를 만나기도 했다. 그는 자연을 표현하고 더 잘 이해하기 위해 배움을 갈구했다. 자연을 잘 알고 그들의 요구를 예측할 수 있을 때 내년을 위한 준비도 가능할 거라 확신했기 때문이다.

2012년, 기욤 셀로스Guillaume Selosse가 와이너리에 합류했고 2019년 앙셀름으로부터 경영권을 이어받았다. 앙셀름은 자신이 예상했던 것보다 더

많은 성과를 이루어냈고, 목표했던 지점을 넘어 더 멀리 나아갔다. 그는 샴페인 생산자들의 모범이 되었을 뿐만 아니라, 행정 시스템도 혁신했다. 그 결과 오늘날 독창적인 샴페인을 만드는 생산자들에게 새로운 길을 열어주었다.

기욤은 아이콘이 된 아버지와 함께 일하며 지식과 경험을 쌓았고, 떼루아를 표현한다는 철학을 계승했다. 그는 아버지의 명성에만 의존하지 않고 자신의 이름을 알리고자 했다. 와인 공부를 마치고 호주에서 1년간 배낭여행을 하며 시야를 넓혔다. 샹파뉴로 돌아온 해에 친구로부터 포도를 구매하기로 했고, 할머니에게서 1.5헥타르의 포도밭을 상속받았다.

그는 곧바로 자신의 이름을 내건 샴페인을 세상에 내놨다. 아버지의 방식을 따르되 한 가지를 달리했다. 병입 전 오크통에서 36개월 동안 숙성한 후 티라주를 진행한 것이다. 그는 앙셀름의 그늘에 가려있지 않고, 할아버지가 세운 도멘을 이끌어갈 새로운 세대임을 보여주고자 했다.

지하 저장고로 내려가자 잠들어 있는 병들이 줄지어 있었다. 기욤은 오래된 빈티지들을 보여주며 모든 샴페인이 1차 발효 시 캡슐을 사용한다고 설명했다.

> "아버지는 균형과 와인의 발효 등 모든 것을 가르쳐 주셨어요. 그것을 완전히 이해하는 데 시간이 걸렸지만, 아버지는 기술적인 노하우보다 스스로 생각하고 질문하는 것이 더 중요하다고 항상 말씀하셨어요."

기욤은 틈나는 대로 여러 곳을 돌아다닌다. 경험을 쌓고 그것을 자신만의 스타일로 발전시키려는 노력이다. 기욤이 바토나주 시범을 보일 때 앙셀름이 다시 들어왔다. 기욤은 내게 아버지와 더 대화할 것인지 물었다. 나는 망설임 없이 그들에게 말했다.

> "아니, 이미 충분해요. 나는 앙셀름이 아닌 당신과 더 대화를 나누고 싶어요. 이제 당신이 이곳의 현재이자 미래니까요."

샹파뉴의 전통을 그의 아버지가 깨뜨린 것처럼, 이제 그는 많은 사람들의 기대와 의심을 뒤로하고 혁신적으로 발전해 나간다. 세계적 명성을 얻은 와이너리를 창의적으로 확장시키는 작업, 그것이 기욤이 이끌어가는 자크 셀로스가 기대되는 이유다.

• **바토나주 Le bâtonnage**

양조 및 숙성 중에 오크통이나 이녹스 바닥에 가라앉은 와인을 다시 현탁 상태로 만들기 위해 저어주는 것을 말한다. 이 작업은 전통적으로 막대기를 사용하였기 때문에 그 이름에서 유래되었다. 주로 화이트와인 제조에 사용되며, 이 과정을 통해 복잡하고 풍부한 아로마, 짙은 색감의 샴페인을 만들 수 있다. 바토나주는 와인에 부드러운 질감과 산화l'oxydation 특성을 부여한다. 그러나 과도한 바토나주는 양날의 검과 같아 부정적인 면도 있다. 잘못 시행할 경우 불편할 정도로 인위적인 맛과 향을 내고 산미의 저하를 초래할 수 있기 때문이다.

샴페인 에티엔 칼작 – 아비즈

Champagne Etienne Calsac – Avize

에티엔 칼작Etienne Calsac은 코트 데 블랑Côte des Blancs에 위치한 와이너리를 운영하고 있다. 특히 아비즈Avize의 대표적인 샴페인 생산자로 알려져 있지만, 그의 포도밭은 코트 드 세잔Côte de Sézanne을 포함한 여러 지역에 분포해 있어 단순히 코트 데 블랑 생산자로만 분류하기 어렵다. 에티엔의 포도밭은 다음 네 지역에 위치해 있다.

1. 코트 데 블랑La cote des Blancs – 아비즈와 그로브Avize et Grauves
2. 그랑 발레 드 라 마른La Grande vallée de la marne – 비쇠이유Bisseuil
3. 코트 드 세잔La cote de Sézanne – 몽주노Montgenost
4. 코트 데 바La Cote des bars – 블리니Bligny

에티엔은 이 네 지역 모두에 포도밭을 소유하고 있으며, 그의 와이너리는 코트 데 블랑의 아비즈에 위치해 있다. 최근 프랑스의 유명 와인 잡지인 '라 르뷰 뒤 뱅 드 프랑스La Revue du Vin de France'에서 '내일의 위대한 포도 재배자Les grands vignerons de demain'로 선정되어 주목받고 있다.

에티엔은 내가 알고 있는 많은 샴페인 생산자들 중에서도 나에게 특별한 영향을 주는 사람이다. 다른 이들도 나에게 많은 영감과 삶과 일에 대한 중요한 통찰을 주지만, 에티엔은 때로는 친구처럼, 때로는 오빠처럼, 그리고 앞서 나간 선배로서 나에게 귀감이 되고 방향을 제시해 주는 존재이다.

2010년, 그의 나이 26세에 에티엔은 와이너리를 설립했다. 백지 상태에서 시작하여 어린 시절부터 꿈꿔온 샴페인 포도 재배와 자신만의 와인 제조를 결심했다. 하지만 그의 부모나 형제자매는 포도밭을 소유하고 있지 않았고, 그는 샹파뉴에서 포도 재배와 샴페인 제조를 위해 포도밭을 구입하거나 임대해야 했다. 게다가 샴페인을 양조할 공간조차 그에게 주어지지 않은 상황이었다.

가족의 재산을 물려받기 위해 샹파뉴로 돌아오는 다른 생산자들과 달리 그에게는 아무것도 주어지지 않았다. 심지어 포도밭이 위치한 마을이 아닌 랭스Reims에서 태어났고 현재도 그곳에서 살고 있다.

Coteaux Champenois
Appellation Coteaux Champenois contrôlée
Étienne Calsac

Corsica

그러나 어린 시절, 와인과 샴페인이 그에게 많은 영감을 주었다. 특히 그의 아버지는 와인을 만들지는 않았지만 열렬한 와인 애호가였다. 가족의 와인 저장고에서 소중히 보관된 오래된 병들을 정기적으로 개봉하는 아버지의 모습을 보며, 와인이 단순한 음료가 아닌 더 특별한 의미가 있다는 생각을 하게 되었고, 이것이 그의 꿈의 시작이 되었다.

에티엔의 할아버지는 당시 아비즈에 살고 있었기에, 에티엔의 부모님들은 주말마다 그를 할아버지 집에 보냈다. 할아버지는 포도밭을 소유하고 있었지만 샴페인을 만들지는 않았고, 수확한 포도를 판매하거나 제3자에게 임대했다.

할아버지 집 정원은 1헥타르도 되지 않는 작은 크기였지만, 포도나무가 심어져 있어서 어린 에티엔은 주말마다 할아버지가 포도나무를 돌보는 모습을 지켜보며 성장할 수 있었다. 이 포도밭에서 나온 포도는 현재 '클로 데 말라드리Clos des Maladries'라는 샴페인 퀴베로 재탄생했다.

와인을 유별나게 좋아하던 아버지, 그리고 주말마다 포도밭에서 함께 보낸 할아버지 덕분에 그의 꿈은 나날이 커져만 갔다. "언젠가는 나도 포도밭을 가꾸고 오래도록 마음에 새겨지는 좋은 와인을 만들고 말거야."

15세가 되던 해, 자신의 꿈을 좇기로 한 에티엔은 리세 비티콜lycée viticole에 입학했다. 그는 샹파뉴에서 와인 양조학을 공부했을 뿐만 아니라, 더 다양한 경험을 쌓고 지식을 넓히기 위해 캘리포니아, 뉴질랜드, 캐나다에서도 머물렀다. 26세가 되던 해, 10년간의 교육과 경험을 쌓은 에티엔은 어린 시절 주말을 자주 보냈던 아비즈로 돌아왔다.

> "나를 도와주는 사람이 한 명도 없었어요. 심지어 아비즈에 둥지를 틀 장소도 없었어요. 정말 아무것도 없었죠. 그래도 할아버지의 3헥타르의 밭만 나에게 임대해 준다면 더 이상 아무것도 바라지 않을 정도였지요. 나는 그 밭을 돈을 주고 임대했고, 표현하고 싶은 것들을 표현해 나가기로 했어요. 그리고 몇 년은 고통의 시간을 보냈어요."

에티엔은 막막했던 그날의 이야기를 담담하게 들려주었지만, 나는 그의 말에 깊이 공감하며 이입되곤 했다. 처음 프랑스에 도착해 앞날을 그려나가기 막막했던 상황, 도움을 요청하거나 의논할 사람이 없는 처지, 포기하고 싶은 상황에서도 멈추지 않고 걸어갔던 시간이 주마등처럼 스쳐 지나갔다.

포도밭을 임대한 후 아비즈 마을 중심이 아닌 입구에 샴페인을 양조하기 위한 새로운 건물을 지었고, 천천히 자신이 표현하고 싶은 것들을 표현하기로 했다.

아비즈로 돌아와 출발을 알리던 에티엔은 몇 해 동안 어둡고 외로운 시간을 보냈다. 그럼에도 불구하고 그는 확고한 신념이 있었다. 미래를 준비하며 갈고 닦는 시간이 힘들고 외롭지만 그럴 만한 가치가 있다는 것을 믿었기에, 꺼질 듯한 촛불처럼 흔들렸지만 결코 꺼지지는 않았다.

감정이 요동치듯 변화가 많은 나와 달리 에티엔은 기다림을 아는 사람이고, 남들과 자신을 비교하지 않으며 친절하지만 정확하다. 내가 아는 에티엔이라면 견디며 기다리는 시간쯤은 그리 어려운 일이 아니었을 것이다. 그래서일까, 나는 그를 만날 때마다 다시금 초심을 다잡곤 한다.

기본적으로 샤르도네, 피노 누아, 피노 뫼니에 위주로만 샴페인을 양조하던 다른 생산자들과 달리 기나긴 세월 동안 많은 사람들에게 잊혀진 오래된 포도 품종 아흐반Arbanne, 쁘띠 뫼지에Petit Meslier 등에 애착을 갖고 있었던 에티엔은 자신만의 해석을 통해 샴페인과 코토 샹프누아로 이들을 표현했다. 그것이 오늘날 에티엔이 전문가들을 놀라게 한 이유이기도 하다.

나 또한 같은 경험을 한 사람으로서 몇 년 전의 일이 떠오른다. 당시에 나는 샴페인 전문가가 아니었지만, 파리에서 열렸던 전문가 시음회에 운 좋게 갈 수 있게 되었다.

그때 에티엔을 만났다. 그는 나에게 그의 퀴베 중 하나인 레 르브낭Les Revenants을 서비스하기 전에 질문을 던졌다. "샴페인에 포도 품종이 몇 종류가 있는 줄 아세요?" 그는 당연히 내가 모를 거라고 생각하고 질문을 했겠지만 나는 이미 들은 바가 있어서 거기에 대답을 했다. 그랬더니 그는 미소를 보이며

직역하면 '돌아온 사람들' 혹은 '유령'이라고 표현되는 이름의 이 퀴베는 처음 그들의 가문이 있었던 세잔Sézanne에서 영감을 받았다. 그리고 그곳에서 재배한 잊혀진 포도 품종으로만 블렌딩해서 만들어낸 것이다. 그렇기에 '돌아온 자'라는 말이 딱 들어맞는 샴페인이 틀림없다.

그는 아비즈에 돌아온 지 10년이 채 되지 않아 최고의 소믈리에들이 찬사를 보내는 샴페인 생산자가 되었을 뿐만 아니라, 이제는 같은 마을에 있는

셀로스나 아그라파와 같은 유명 생산자들과 동등한 수준의 샴페인 생산자로 평가받고 있다. 최근에는 아르반으로만 만든 코토 샹프누아가 관심을 받고 있기도 하다.

어느 날 선물 받은 책에서 읽은 글귀가 생각난다.

아름다운 일은 외롭고 외로운 일은 아름답다.

그는 외로웠지만 늘 아름다움을 잃지 않았다. 아름다운 일을 하기에 외로웠을까? 가족을 사랑하는 마음, 자신이 고통 속에 있을 때나 명성을 얻은 지금도 늘 친구들과 자신의 사람들에게 한결같고, 자신의 아내와 아이들에게 영광을 돌리는 에티엔.

내가 본 그는 너무나 아름다운 사람이다. 외로웠던 만큼 더 많은 사랑과 행복을 나누는 사람이다. 그래서 그의 와인들도 얼마나 더 아름다울지 두근거리며 기다리게 된다.

에티엔은 스스로를 애써 부풀려 포장하지 않는다. 자신의 어린 시절과 현재 그리고 그의 삶의 과정을 고스란히 와인에 담아내고 있다.

• **무통 두에상 Mouton d'Ouessant**

유기농으로 포도를 재배하는 일부 샴페인 생산자들은 혁신적인 환경 접근 방식을 계속 추진하고 있다. 그중 하나는 양들을 포도밭에 풀어놓아 트랙터 대신 풀과 잡초를 '자연적으로 깎는' 작업을 수행하게 하는 것이다. 흙을 상하게 하지 않고 포도나무 사이를 쉽게 통과할 수 있는 작고 귀여운 양들은 단순히 기계로 풀을 깎는 일을 대체하는 것이 아니다. 이들은 자연적인 잔디 깎는 기계 역할을 하면서 동시에 생태계를 유지하는 중요한 역할을 한다. 토양 미생물의 활성화와 같은 상호작용은 포도밭이 건강하게 유지될 수 있도록 돕는다.

Vallée Petit Morin (Sézanne)

Champagne Maxime Oudiette – Beaunay
Champagne Jeaunaux Robin – Talus-Saint-Prix
Champagne Barrat Masson – Villenauxe-la-Grande

발레 프티 모랭(세잔)
Vallée Petit Morin (Sézanne)

샴페인 막심 우디에트 – 보네
Champagne Maxime Oudiette – Beaunay

세잔과 그 주변은 와인 생산자들이 전무했다. 그런 환경에서 혁명을 일으키며 조금씩 자신의 포도로 샴페인을 만들어가는 새로운 세대들이 생겨나기 시작했다. 실제로 많은 전문가들이 이 지역 샴페인 생산자들을 소개하지 않거나 혹은 코트 데 블랑Côte des Blancs에 연결해서 설명하는 데는 그럴 만한 이유가 있다. 그렇기에 이런 생산자들이 하나씩 등장한다는 것이 얼마나 큰 변화인지 놀라울 따름이다.

막심 우디에트Maxime Oudiette는 2012년에 코토 뒤 프티 모랭Coteaux du Petit Morin의 보네Beaunay에 위치한 그의 부모님 실비와 파스칼 우디에트Sylvie et Pascal Oudiette의 와이너리로 돌아왔다. 1920년대 즉 1차 세계 대전 이후 설립되었지만 단지 포도를 재배했을 뿐이었던 와이너리는 1980년대에 들어서 3헥타르의 포도밭으로 확장했다. 이후 샴페인을 만들기 위한 포도 압착기와 생산 도구를 갖추면서 본격적인 와이너리의 길을 걷기 시작했다. 보네 마을에 있는 약 3헥타르의 포도밭에서는 주로 샤르도네Chardonnay와 피노 누아를 재배하고 셀레 콩데Celles-lès-Condé 마을 주변에서는 뫼니에Meunier를 재배하고 있다.

부모님의 와이너리로 돌아온 그는 일을 도우면서 자신만의 길을 모색했다. 따흘랑Champagne Tarlant과 자크 셀로스Champagne Jacques Selosse에서의 경험은 자신만의 와인 철학 기초를 다지는 계기가 되었고 마침내 그는 자신만의 방식을 찾았다.

CRD

"2015년에 첫 수확을 했고, 2020년 겨울에 제 이름을 건 첫 번째 샴페인을 세상에 선보였습니다. 포도를 빡셀parcelle, 구획 단위로 나눠서 압착하고 동일한 방식으로 오크통에서 발효과정을 거칩니다. 이는 제 샴페인과 각 구획, 즉 원산지를 서로 연결하는 방식입니다. 이 과정은 최종적으로 각 토양이 와인에 미치는 영향을 이해하는 데 필수적이기 때문입니다."

와인은 예술가의 작품과 같다. 한 해의 기억을 저장하고 한 지역의 자연을 담아내며, 다양한 만남의 순간이 곧 양조의 과정이 된다. 따라서 막심은 와인에 대한 인위적 개입을 최대한 배제하고, 포도밭에서의 수확까지가 이미 80% 완성된 상태라고 여긴다.

"나는 목표를 정해서 어디까지 가야 한다고 정하기보다는 샴페인과 동행한다는 생각으로 그것을 이해하려고 노력해요. 따라서 샴페인에 대한 개입이 적을수록 떼루아terroir, 토지의 특성의 정보를 최대한 사람들에게 전달할 수 있다고 확신합니다. 그리고 포도가 가장 잘 익었을 때 수확을 시작해요. 수확 전에 포도의 상태를 확인하기 위해 먼저 샘플로 소량을 수확하고 시음하는 과정을 거칩니다."

앞서 말한 대로 그는 구획별로 압착 후 가볍게 침전하는 과정을 거친 뒤 이산화황 처리를 하지 않고 토종 효모가 오크통에서 천천히 자연스럽게 발효될 수 있도록 한다.

막심은 두 개의 까브cave, 지하 저장고를 소유하고 있다. 한 곳은 포도즙을 착즙하고 에티켓을 붙이고 샴페인을 저장하는 곳이며, 다른 한 곳은 오크통 숙성을 위한 공간이다.

현재 100% 오크 숙성을 하고 있는 5평도 채 되지 않는 그의 까브에서 빡셀 단위로 숙성되고 있는 뱅 클레르vin clair, 1차 발효 후 아직 탄산이 없는 와인를 시음해 보았다. 이 뱅 클레르를 시음하는 것은 샴페인 시음보다 더 중요한데, 각각을 시음하다 보면 어떻게 각자의 캐릭터가 샴페인에 담기게 되는 것인지를 짐작할 수 있고, 더 나아가 몇 가지를 블렌딩할 경우 각각의 서로 다른 음표가 모여 오케스트라처럼 하나의 음악을 만들어내듯 어떤 하모니를 이루게 될지 상상이

CHAMPAGNE
OUDIETTE

되기 때문이다.

그렇게 미완성인 음표를 들여다보듯 시음하다 보면 그가 무엇을 원하는지, 어떤 샴페인을 만들고 싶은지 좀 더 깊이 이해하게 된다.

앞서 그가 각 포도가 자란 빡셀 단위로 포도를 압착하고 발효를 진행한다고 말했던 것에서 엿볼 수 있듯이, 지리학에 대한 그의 애정은 매우 상세하게 적혀있는 샴페인 뒷면 에티켓의 설명을 보면 알 수 있다.

> "나는 샴페인을 마시는 사람들에게, 이 포도가 어떤 땅에서 자라고 뿌리의 깊이마다 어떻게 떼루아가 달라지는지 정확하게 알 권리가 있다고 생각해요. 추가로 거기서 생산된 포도가 어떻게 발효되는지 양조 방법을 간단하게 기입했어요. 그래야만 내 마을을 그리고 내 포도를, 내 샴페인을 정확하게 느낄 수 있을 거라고 확신해요."

그는 그렇게 몇 병 생산되지 않는 자신의 샴페인 하나하나에 기나긴 샴페인 양조의 역사에서 중요하지 않게 여겨졌거나 또는 아예 잊혀져 있던 것들을 그만의 독특하고 창의적인 방식으로 표현하고 있다.

그의 샴페인을 만난 사람들에게 세잔은 앞으로 어떻게 기억될까?

- **샴페인의 라벨**
  L'étiquette du Champagne

샴페인의 라벨은 최근 몇 년 동안 전통적인 디자인에서 벗어나고 있으며 기본적인 법적 고지 외에도 샴페인 생산자마다 제각기 그들의 철학을 녹여서 제작한다. 기본적으로 아펠라시옹Appellation d'Origine Contrôlée Champagne이 있는 와인만이 라벨에 샴페인이라는 단어를 표시할 권리가 있으므로 'Champagne'이라고 표기되고, 샴페인 생산자의 이름, 마을 이름, 샴페인 위원회에서 제공한 등록 번호도 확인할 수 있다. 또한 알코올 농도% vol., 병의 용량 l, cl 또는 ml 단위, 샴페인의 당도에 대한 정보도 확인할 수 있다. 당도는 Brut Nature, Extra Brut, Brut 등으로 표시된다. 그 외에도 빈티지 샴페인이라면 빈티지 연도, 퀴베Cuvée 등이 다양하게 표시된다. 일부 새로운 생산자들은 에티켓이 아닌 병에 직접 기입하거나, 밀레짐millésime 또는 빈티지라고 표시하지 않고 후면 라벨에 수확 시기를 적어 밀레짐을 예측할 수 있게 한다.

CHAMPAGNE
OUDIETTE
Parcellaire "Les Gras d'Huile" à BEAUNAY
VINIFICATION
LA GEOLOGIE DE LA PARCELLE
LGH
PARCELLAIRE
BLANC DE BLANCS
EXTRA-BRUT
CHAMPAGNE
OUDIETTE

발레 뒤 프티 모랭La Vallée du Petit Morin의 탈뤼-생-프리Talus-Saint-Prix 마을에 위치한 샴페인 주노 호뱅Champagne Jeaunaux-Robin은 에페르네Épernay에서 130km, 세잔Sézanne에서 15km 거리에 있다. 그래서 나는 이 지역을 세잔에 연결했다. 코트 데 블랑Côte des Blancs과 근접해 있지만, 이곳의 토질은 주로 점토와 부싯돌로 이루어져 있으며 차갑고 습한 마른강의 지류에 있어 독특한 특징을 보인다. 이러한 환경은 여름에 포도나무를 더위로부터 보호해주는 장점이 있지만, 반대로 겨울의 찬 기운이 오래 지속되어 늦은 봄까지 서리가 맺히기 쉽다.

이곳은 아침마다 안개가 수면 위로 올라오는 모습을 자주 볼 수 있는데, 이에 대한 해결책으로 오래전부터 늦은 서리에 강한 포도 품종인 피노 뫼니에Pinot Meunier를 주요 품종으로 재배하고 있다.

이곳의 예술가 생산자이자 오너인 시릴Cyril은 차가운 아침, 포도밭에서 강을 바라보며 나에게 말했다.

> "이곳은 종종 4월 말, 5월 초까지도 늦은 서리가 내려서 봄에 많은 피해를 입기 때문에 피노 뫼니에를 선호하는 건 어쩌면 당연한 것일지도 모릅니다. 샤르도네보다 늦게 자라고 만약 서리로 첫 번째 새순이 피해를 입더라도 두 번째 새순은 열매를 맺을 수 있기 때문이죠. 즉, 새순이 다른 품종에 비해 늦게 올라와서 가능한 것입니다."

그는 포도를 압착할 때 두 개의 전통적인 압착기로 작업한다. 전통적인 압착기는 전자동이 아니어서 수작업이 많이 필요하지만, 그럼에도 이 압착기를 고집하는 이유는 포도가 어떻게 으깨지는지 생생하게 눈으로 확인할 수 있으며, 한 번 압착 후 삽 같은 도구로 포도를 뒤집어 두 번째 즙을 짜는 방식을 사용함으로써 유압식 기계나 전자동 기계보다 더욱 섬세하게 포도즙을 얻을 수 있기 때문이다.

현재 그는 2,000kg 프레수아와 4,000kg 프레수아를 모두 사용하고 있는데, 이는 작은 구획빠셀, parcelle 단위, 예를 들어 0.2헥타르의 경우 2,000kg 프레수아로 압착하는 것이 더 적합하기 때문이다. 이러한 방식은 한 구획의

특성을 살린 뱅 클레르vin clair를 만들 수 있게 한다.

> "나는 산미를 사랑하고 그것을 살리는 방향으로 숙성시킵니다. 몇 년 동안 우리 와인이 산도와 미네랄을 유지하기 위해 젖산 발효를 최대한 배제하고 있는데, 와인 성숙도의 기본은 산미에 있지요. 무엇보다 뱅 클레르는 우리가 퀴베cuvée에서 작곡할 교향곡의 음표와 같아요."

나는 이 이야기를 듣고 놀랄 수밖에 없었다. 뱅 클레르에 대해 내가 늘 생각하며 비유하는 표현을 그가 똑같이 이야기하다니. 이처럼 뱅 클레르는 샴페인에 도달하기 전 아주 중요한 핵심 역할을 한다.

산미를 기본적인 초석으로 삼지만 오크의 활용도도 큰 시릴은 4개의 이녹스inox, 스테인리스 스틸 탱크를 함께 사용해 블렌딩을 시도함으로써, 산미와 복합성 사이의 균형을 찾고 있다.

앞서 이 마을이 다른 곳보다 서늘하고 차가우며 습하다고 설명한 바 있다. 현재 온난화로 인해 프랑스의 와인 산지의 온도가 점점 상승하고 있는 가운데 부르고뉴에서도 프랑스 남부의 재배 방법을 도입하고 있고, 샴페인에서도 이 부분을 무시할 수는 없다. 그렇다면 샴페인은 다른 와인에 비해 산도가 중요한 만큼 이곳은 조금 더 안심할 수 있는 것은 아닐까?

> "이곳 또한 기후 변화의 영향을 받고 있어요. 겨울은 온화해지고 봄은 점점 더 일찍 건조해지며, 여름은 점점 무더워지고 있습니다. 당신이 생각한 대로 샹파뉴에서는 산도를 유지하는 해결책을 찾고 있죠. 우리는 몇 년 동안 흥미로운 재배 방법을 실천해 왔으며, 토양의 작용으로 와인이 산성화된다는 사실도 알게 되었습니다. 과학적인 설명을 할 수는 없지만 다른 생산자들도 나의 의견에 동의합니다. 경험으로 알 수 있으니까요. 그리고 발레 프티 모랭은 지역적인 특징으로 와인의 미네랄리티, 신선도, 산도에 유리한 테루아를 갖고 있다는 점은 인정합니다."

시릴의 샴페인은 좋은 산도와 차가움을 지니고 있을 뿐만 아니라, 해조류에서 많이 발현되는 요오드의 풍미iodé가 느껴지는 경우가 많다. 이러한 특징 때문에 해산물과 잘 어울리며, 산화되거나 향이 강한 와인들로 인해 입 속이 무거워질 때 자연스럽게 떠오르는 선택이 된다.

최근 샴페인 양조 방법의 트렌드가 변화하면서 더욱 섬세하고 차가우며 산도 있는 스타일이 선호되고 있다. 시릴이 샴페인을 만들어 온 기간이 어느새 10년을 훌쩍 넘었고, 그는 그와 비슷한 철학을 공유하는 생산자들 중에서 늦게 이름을 알렸지만, 이제 그의 시대가 도래하고 있음을 알 수 있었다. 누구나 각자에게 맞는 시기, 피어나는 시기가 있다고 하지 않던가?

그는 다시 내게 나지막하게 말했다.

> "멈추지 않고 항상 더 발전해 나가려는 욕망이 계속 나를 나아가게 하는 것 같아요. 사실 내 방식이 최선인지는 모르겠지만 나는 더 나은 방향을 향해 내가 정한 방식에 따라 완벽하게 해내려고 하고 있어요."

발레 프티 모랭(세잔)

• **오크통 Les fûts de chêne**

역사적으로 샴페인과 와인은 병에 넣기 전에 "퓌fût"라고 불리는 오크통에서 숙성되었다가, 대량 생산으로 인해서 이녹스스테인리스 통으로 변경되었다. 그러다 다시 오크통 사용이 늘어났는데, 이는 오크통이 더 뛰어난 숙성 능력을 제공하고 샴페인에 바디감을 부여하는 탄닌과 나무만의 관능적 특성을 제공하기 때문이다. 이로 인해 아로마의 복잡성은 스테인리스 통에서 양조하고 숙성하는 것보다 훨씬 더 정교하고 풍부해진다. 또한 오크통에서 제어 가능한 상태로 유지되는 산소 공급과 '라 파르 데 앙주La Part des Anges, 천사의 몫'라고도 불리는 현상은 샴페인 애호가들이 높이 평가하는 측면이다. 그러나 일부 생산자는 산미를 위해 스테인리스 통을 선호하기도 한다.

OXO
Jeaunaux Robin
16/17
CHAMPAGNE
Jeaunaux Robin
09/17

입구에 들어서는 순간 흐르는 물 소리에 마치 자연 속으로 들어온 듯한 느낌이 드는 곳, 5월에는 아름다운 장미가 벽을 타고 올라가 화사하게 피는 이곳은 샴페인 바라 마송Champagne Barrat Masson이다.

아담한 키에 사랑스러운 미소를 지닌 오렐리 바라Aurelie Barrat는 남편인 로익 마송Loïc Masson과 함께 이야기를 꺼낸다.

> "저는 남편 로익과 함께 일해요. 우리는 각자 부모님께 포도나무와 와이너리를 물려받았죠. 제가 빌뇌즈-라-그랑Villenauxe-la-Grande에 위치한 포도밭을, 로익은 베톤Bethon에 위치한 포도밭을 갖고 있어요. 로익은 2005년에 아버지와 함께 일하기 시작하면서 유기농 재배에 관심을 가졌고, 우리가 서로 추구하는 방향이 같다는 확신이 들어서 2009년 우리의 도멘을 만들기로 결정했어요. 이를 위해서는 모든 포도밭을 유기농으로 전환하는 작업이 필요해서 그동안 협업했던 협동조합을 떠나야만 했지요."

로익은 와이너리 설립을 결정한 다음 해인 2010년 협동조합을 떠났고, 오렐리는 계약기간이 남아 있었기 때문에 조금 더 시간이 흐르고 나서야 협동조합을 떠날 수 있었다. 협동조합의 회장이 그녀의 아버지였음에도 불구하고 그는 오히려 그녀의 완강한 주장을 지지해주었다.

2011년, 그들은 첫 포도 수확 준비를 시작했다. 오래되어 낡고 부서진 건물을 재건하는 작업을 서둘렀다. 첫 수확까지 모든 준비를 완벽하게 마치지는 못하겠지만, 모든 것을 다 준비한 후 시작한다면 끝이 없을 수도 있다고 생각했다. 그렇게 포도 수확과 양조를 위한 최소한의 준비를 마치고 마침내 2011년에 첫 수확을 할 수 있었다.

그러나 지금까지도 그들은 준비를 완벽히 끝내지 못했다. 내가 처음 방문했을 때도 공사 중이었는데, 매년 한 공간의 공사가 마무리되면 다음 공간으로 공사 구간을 옮길 뿐이었다.

그들에게 완벽한 마무리란 존재하지 않을 수도 있다. 2011년에 시작한

CHAMPAGNE
BARRAT-MASSON
CHAMPAGNE
BARRAT-MASSON
Nuances de Cornoie

공사가 내가 이 책을 쓰는 순간까지도 진행 중이니 적어도 10년은 흐른 것이다. 앞서 언급했던 5월의 장미가 피는 어느 날 그들을 찾아 처음 방문했을 때에도 그리고 오늘도 매해 공간이 마무리되었다 싶으면 계속 공사가 진행되고 확장될 뿐이었다.

재건 작업을 준비하기 전 2009년부터 유기농으로 전환하여 1헥타르의 포도밭을 시범적으로 재배했다. 2015년부터 유기농 인증을 받았지만 그 전부터 유기농으로 전환하여 2011년에 첫 수확을 했기 때문에, 그들은 유기농으로 재배한 포도로 10개월 발효한 후 2012년에 2차 양조 작업을 할 수 있었다.

남편 로익이 포도밭을 담당한다면 오렐리는 양조를 책임지고 있다. 그녀는 양조학을 전공했기 때문에 자신보다 포도밭에서 더 많이 일한 로익에게 밭을 맡기고, 본인은 장점을 살려 양조를 담당하면서 가끔 그의 부족한 손이 되어주기도 한다.

까브는 그녀의 성격답게 항상 깔끔하게 정리정돈이 되어 있어 마치 실험실에 들어온 것 같은 기분이 들 때도 있다.

현재는 유기농으로 샴페인을 생산하고 있으므로 쐐기풀 즙을 만들어 포도 재배에 사용하고 있지만, 생체역학 농법으로 전환하지는 않을 것으로 보인다. 오렐리는 이렇게 말한다.

> "물론 그것이 도움이 될 수 있지만 우리의 주된 목적은 아니에요. 우리 지역의 떼루아에서 모든 구획은 별도로 압착하여 자정 무렵에 이녹스 탱크에 넣는 작업을 합니다. 저는 우리의 퀴베를 있는 그대로 표현하기 위해 할 수 있는 모든 준비를 하려고 해요. 양조는 항상 진화해야 한다고 생각합니다. 그리고 그것은 늘 일어나고 있는 일이죠. 현재는 이산화황을 조금 사용하고 있는데 사용량을 더 줄이고 싶어서 연구 중입니다. 그러다 보면 생체역학 농법에 대해 더 개방적인 자세를 가질 수도 있겠지만 지금은 아니라고 봅니다. 이에 대해서는 남편도 같은 생각일 거라 생각하고요. 우리는 그저 잘 익은 포도를 원하는데, 그것이 양조하기에 더 좋고 와인을 아름답게 표현할 수 있기 때문입니다. 간단히 말해 좋은 포도를 수확하는 데 있어 생체역학이 모두가 원하는 정답은 아니라는 것입니다. 그것이 언젠가 필요하다면 적용하겠지만 지금은 아니라고 생각합니다."

오렐리는 혼자 하는 와인 양조가 너무 재밌다고 하고, 로익은 포도나무와 포도밭에서 보내는 시간을 사랑한다. 그들은 각자 혼자일 때 불완전하고 부족하지만 서로 만나 상호보완하며 아름다운 동행을 하고 있는 것이다.

"우리는 항상 더 발전하기를 간절히 바랍니다. 모든 것이 적절한 시기에 찾아온다고 생각하면서도 때로는 서두르곤 합니다. 하지만 원하는 만큼 주어지지 않을 때는 우리가 아직 준비되지 않았기 때문이라고 봅니다. 우리는 계속해서 발전을 향해 나아가고 있고 실제로 많이 성장했습니다. 와이너리를 시작한 2011년 초와 비교하면 오늘날 샴페인에 대한 언론의 시각도 바뀌었고, 그 사이 우리 와이너리도 성장했으며, 지금 나와 대화하는 당신도 그동안 성장했기 때문입니다. 새로운 아이디어와 더 나아가고자 하는 열망이 있어야 합니다. 그렇지 않으면 아무것도 얻지 못한 채 슬퍼하며 좌절하는 것만 남게 될 것입니다."

그녀는 마지막으로 새로운 세대의 샴페인 생산자들과 자신의 일에 대해 고민하는 많은 사람들에게 이 메시지를 전달하였다.

"당신이 원하는 대로 하세요. 행복하지 않은 사람들은 뒤로하고 앞으로 나아가세요. 당신의 프로젝트를 믿고 당신의 아이디어를 믿으세요. 정말로 원하는 일이라면 망설일 이유가 없습니다."

• **샹파뉴의 겨울**

L'hiver dans les vignes de Champagne

샹파뉴에서는 일 년 내내 쉼 없이 일이 이어지지만, 포도 수확기가 지나고 포도잎이 떨어진 후에는 가지치기를 시작한다. 그러나 포도나무의 휴식기 또한 다음 해를 위해 중요하기에, 11월 중순에서 12월 사이에는 포도밭을 자유롭게 두어 휴식기를 갖게 한다. 덕분에 샴페인 생산자들도 일 년 내내 긴장하며 숨 가쁘게 움직이던 활동을 잠시 내려놓고 조용한 시간을 가질 수 있다. 일부 샴페인 생산자들은 포도밭이 쉬는 동안 까브cave, 즉 지하 저장고에서 양조 작업에 집중하기도 한다.

Côte des Bars (L'Aube)

Domaine de Bichery – Neuville-sur-Seine
Champagne Pierre Gerbais – Celles-sur-Ource
Brocard Pierre – Celles-sur-Ource
Champagne Amaury – Bar-sur-Seine
Champagne Vouette et Sorbée – Buxières-sur-Arce

코트 데 바(오브)
Côte des Bars (L'Aube)

도멘 드 비셰리 – 뇌빌-쉬르-센

Domaine de Bichery – Neuville-sur-Seine

"뇌빌-쉬르-센Neuville-sur-Seine에 우리 가족이 오랫동안 살아왔다는 것을 보여주는 기록들이 있습니다. 우리는 항상 이곳에 있었고, 늘 포도밭에서 일했기 때문에 나는 미래에 무엇을 할지 고민한 적이 없어요. 미래는 언제나 분명했죠. 나는 내 포도밭을 만들고 싶었습니다."

도멘 드 비셰리Domaine de Bichery는 코트 데 바Côte des Bars에 위치한 작은 강이 흐르는 뇌빌-쉬르-센 마을에 자리 잡고 있는 와이너리이다. 라파엘Raphaël의 할아버지는 몇몇 마을 동료들과 협동조합에 참여했고, 아버지 또한 협동조합에 적극적으로 관여하며 포도나무와 함께하는 삶을 이어나갔다. 그가 아버지에 대해 가장 생생하게 기억하는 것은 포도나무를 향한 아버지의 진심 어린 열정이었다.

"나는 그런 시절에 감사하고 있어요. 와인의 세계를 발견한 후, 내가 여기서 하고 있는 모든 일이 포도에서 비롯되었다는 것을 알게 되었고 그렇게 믿습니다. 그래서 나는 여전히 포도밭에서 일하고 그것을 가꾸는 일들을 잘 알고 있지요."

그는 포도밭에 대해서는 잘 알고 있었지만 할아버지나 가족들이 와인을 만들지

CHAM

않았기에 와인에 대해서는 깊이 생각해보지 않았다. 그러다 가까운 친구들을 통해 와인을 접하면서 조금씩 관심이 생기기 시작했다.

그런데 도멘 드 비셰리는 그의 가족의 성도 아니고 아내의 가족의 성도 아니다. 도대체 어디서 유래되어 그들의 와이너리 이름으로 사용하고 있는 것일까?

"나에게 할머니와 할아버지는 아주 중요한 존재입니다. 지금 내가 살고 있는 곳은 조부모님 댁이에요. 그리고 바로 옆에 학교가 있어요. 나는 이틀에 한 번씩 할아버지 댁에서 자다 보니 일 년의 절반을 그곳에서 지낸 것 같아요. 이유는 모르겠지만 우리 할아버지와 할머니는 포도밭의 특정한 곳을 '비셰리Bichery'라고 불렀어요. 그래서 나에게도 학교가 끝나면 비셰리로 오라고 하셨고, 부모님이 나를 데리러 오거나 데려다줄 때도 '비셰리로 데려다준다' 또는 '비셰리로 데리러 간다'고 하셨어요. 나는 늘 그곳에 있었던 거죠."

라파엘에게 조부모님은 매우 중요한 존재였기에, 그는 자신의 와이너리 이름에 매일 지냈던 특별한 장소인 비셰리를 넣어 그의 역사를 시작하기로 결심했다.

하지만 사람의 이름이나 가족의 성을 넣고 싶지는 않았다. 그것은 자신이 시작한 역사가 아니며 성과 이름은 결혼을 하면서 변경될 가능성이 높기 때문이었다. 리우디 이름은 그가 태어나기 전부터 함께했고 그의 역사에 늘 함께했기 때문에 그런 자신의 역사를 넣고 싶었다. 이 부분은 라파엘의 아내 한나도 적극적으로 동의했다.

그는 부모님의 바람에 따라 스위스로 건너가 양조학 학사 학위를 취득 후 부르고뉴 본Beaune에서 재배학을 추가적으로 공부했다. 사실 그는 스위스에서 학사 학위를 따지 않고 좀 더 일찍 포도밭과 부르고뉴에서 공부를 시작했더라면 좋았을 텐데 하는 생각을 가끔 하고는 한다.

"맞아요, 가끔 그런 생각을 해요. 하지만 부모님의 생각도 너무 좋았어요. 스위스에서 딴 학위는 나에게 별다른 도움이 되지 않지만, 그곳에 있으면서 이탈리아와 스위스 등의 포도를 수확해본 경험은 다양성을 더욱 열리게 한

셈이지요."

그의 와인 양조에 대한 열정은 본에서 전환의 계기를 맞았다. 그리고 그는 충격과 함께 슬픔에 빠졌다.

> "본에 도착했을 때 그것은 나의 뺨을 때리며 정신을 차리게 했어요. 놀라운 와인의 발견이었지요. 샹파뉴는 부르고뉴 와인에 대한 열정으로부터 몇 광년은 떨어져 있었던 기분이 들었어요. 왜 나는 그리고 우리 가족은 이런 열정이 없었던 것일까요?"

2012년 여름, 정착하기 위해 집으로 돌아갈 계획이었지만 보르도에 있는 친구의 초대를 받았다. 그곳에서 일 년도 채 머물지 않았지만 운명처럼 그의 동반자이자 파트너가 될 한나를 만났다. 2013년, 그가 사랑하는 포도밭이 기다리는 뇌빌-쉬르-센으로 돌아왔다. 떠날 때는 혼자였지만 돌아올 때는 아내가 된 한나와 함께였다.

> "나와 한나는 이곳을 너무 좋아합니다. 우리는 많은 일을 하고 있지만, 이곳의 자연 풍경은 우리에게 행복을 주는 요소 중 하나입니다. 우리는 하이킹을 하고, 집 앞에 흐르는 작은 강에서 수영을 하며, 작은 배를 띄워 학교에 간 아이들을 데려오는 길에 자연을 만끽합니다. 주변의 산들과 강, 이곳의 자연이 나를 풍요롭고 행복하게 만듭니다. 자연 풍경을 볼 때마다 가슴속에 사랑이 가득해지기도 합니다. 물론 400명의 주민이 사는 작은 마을이라 주변에 편의 시설이 없고, 볼일을 보려면 차를 타고 이동해야 하지만, 샹파뉴의 에페르네와 부르고뉴의 본까지 1시간 30분이면 갈 수 있다는 이점도 우리를 만족시켜 줍니다."

위치상으로 보면 부르고뉴와 샹파뉴의 특징을 다 갖고 있어 피노 누아의 재배면적이 큰 이 지역은 특이하게도 뫼니에의 재배가 드물다. 하지만 도멘 드 비셰리는 예외적으로 피노 뫼니에의 재배 면적이 큰 편이다.

처음 와인 공부를 시작했을 때는 유기농업에 관심이 없었지만, 자신의 샴페인을 만들기로 결심한 후에는 방향성을 정하고 유기농의 필요성을 확신하게 되었다. "앞으로 40년이라는 세월을 본다면 함께하고 싶은 포도나무는 무엇일까?"라는 질문에 스스로 답한 것이다.

2014년에 유기농을 시도했고, 2015년에는 전체를 유기농으로 전환했다. 다시 말해 유기농 전환과 함께 2015년부터 와이너리의 새로운 역사가 시작된 것이다. 이는 단순히 인증을 위한 것이 아니라, 자신의 포도밭을 더 깊이 이해하고 더 잘 가꾸고 싶은 마음에서였다. 또한 훗날 자신의 아이들이 주변 자연 풍경과 포도밭을 하나로 느끼며 뛰어놀 수 있게 하고 싶은 바람도 있었다. 현재 7헥타르의 포도밭을 소유하고 있지만, 자신의 샴페인 생산에는 일부만 사용하고 나머지는 할아버지와 아버지가 그랬듯이 지역 협동조합과 함께 일하고 있다. 하지만 전 세계에서 그의 샴페인을 원하는 만큼, 앞으로는 조금씩 협동조합과의 일을 줄이고 자신의 샴페인과 와인 생산을 늘릴 계획이다.

"나는 부르고뉴의 와인을 좋아하고 즐겨 마시지만, 내가 하고 싶은 건 이곳을 표현하는 겁니다."

라파엘은 학생 시절 다른 나라에서 공부하며 다양한 경험을 통해 자신의 지역을 더 잘 이해하게 되었다. 그는 여행에서 새로운 것을 보고 새로운 사람들을 만날 때 영감을 얻는다. 그래서 여행은 그에게 필수적인 요소가 되었다.

도멘 비셰리는 전 세계에서 찾아오는 전문가들에게 항상 같은 이야기를 한다.

"우리는 역사가 없습니다. 우리가 역사를 만들어가고 있습니다. 유기농으로 와인을 재배하고 있으며, 우리의 스토리는 아주 심플합니다."

처음으로 무언가를 만들어가는 것은 누구에게나 두렵고 힘든 일이다. 하지만 그들은 이 여정을 계속해 나가고 있다. 그럴 때 나는 그를 보면서 생각한다.

"당신의 본능에 귀를 기울이세요."

PARKER
GAVE
ME 50

- **자연 경관 Paysage naturel**

샤파뉴 남쪽 트루아Troyes와 부르고뉴 관문에 있는 샹파뉴의 코트 데 바Côte des Bar는 와인과 문화 유산이 풍부한 지역이다. 코트 데 바라는 이름은 에소와Essoyes, 무시-쉬르-센Mussy-sur-Seine, 레 리세Les Riceys를 지나 바-쉬르-오브Bar-sur-Aube에서 바-쉬르-센Bar-sur-Seine까지 고원을 따라 흐르는 개울과 강이 파낸 가파른 절벽에서 이름을 따왔으며, "Bar"라는 단어는 켈트어로 "정상"을 뜻한다. 특히 나무가 우거진 봉우리들, 가파른 경사면의 덩굴 및 포도밭이 어우러져 멋진 풍경을 제공한다. 샹파뉴의 북쪽과 달리 풍요로운 자연 경관 덕분에, 자연주의 재배를 추구하는 생산자들이 포도밭 사이에 나무를 심는 번거로운 작업을 하지 않아도 된다.

샴페인 피에르 제르베 – 셀-쉬르-우르스

Champagne Pierre Gerbais – Celles-sur-Ource

샴페인 피에르 제르베는 오브Aube 지역에서 4대째 운영되는 패밀리 와이너리이다. 지금은 자신만만하지만 부드럽고 겸손한 오렐리앙 제르베Aurélien Gerbais가 이끌고 있다. 그는 와인에 대해 이야기할 때를 제외하고는 언제나 수줍음 많은 와인메이커이기도 하다.

"포도밭을 먼저 둘러 볼까요? 아니면 시음을 먼저 하고 싶어요?"
"오늘은 따이에 하는 모습을 촬영할 거니까 가위 들고 포도밭부터 갑시다."

손이 시리도록 추운 겨울날 아침, 포도밭으로 가자고 제안한 나를 보며 흔쾌히 미소를 보이는 오렐리앙과 포도밭으로 향했다. 북향에 위치한 샤르도네 밭으로 가며 그는 대화를 시작했다.

코트 데 바Cote des Bar는 샹파뉴 북쪽의 포도밭들과 다른 특징이 있다. 백악질의 토양은 없지만 부르고뉴와 같이 점토와 석회암의 떼루아로 형성되어 있으며, 토양은 키메리지안Kimeridgian으로 나이는 2억 년으로 추정되고 있다. 즉 코트 데 바는 키메리지안 토양이 침전되어 형성되었고, 토양에는 작은 굴 화석들이 촘촘하게 박혀 있다. 그래서 짠 맛은 이를 통해 형성된 것이고, 비슷한 느낌을 샤블리 와인 혹은 상세르의 와인을 마실 때 느낄 수 있다. 이것이 피에르 제르베가 있는 코트 데 바의 주요 특징 중 하나이다.

"와이너리가 있는 셀-쉬르-우르스 마을은 특별한 포도가 있는 곳으로 그 포도 품종은 피노 블랑입니다. 우리 와이너리에서는 25%의 피노 블랑을 보유하고 있을 뿐만 아니라, 가장 오래된 피노 블랑 포도나무를 가진 와이너리이기도 해요. 특히 이곳은 4개의 서로 다른 강이 교차하는 지점이라서 물이 많은 지역입니다. 물이 많다는 것은 습도가 높다는 것을 의미해요."

오렐리앙이 설명하는 습도가 높다는 것은 봄 서리에 더 많은 영향을 받을 수밖에

CHAMPAGNE
Pierre Gerbais
CELLES-SUR-OURCE
BOCHOT

없다는 것과 같은 의미이다. 그는 계속 이야기를 이어나갔다.

> "할아버지 말씀으로는 100년 전 사람들은 10년에 한 번만 수확할 수 있었대요. 봄 서리 때문에 많은 포도를 잃었기 때문이랍니다."

북향으로 샤르도네가 심어져 있는 포도밭에 도착해 잠시 산책을 했다. 겨울이라 시리도록 차가운 온도에 손끝이 얼어붙는다. 특히 북향의 샤르도네가 심겨 있는 곳은 남향보다 더 춥게 느껴지는 게 당연하다.

샤르도네는 서로 마주보는 방향으로 심어 재배되고 있다. 남향은 태양의 경사면에 수직으로 노출되어 따뜻하며, 이로 인해 태양의 풍부한 열기로 잘 익은 샤르도네의 특징을 보인다. 반면 북향은 산미를 더 간직한 샤르도네의 특징을 나타낸다. 역사적으로 이 지역 포도 재배자들은 남향 포도밭을 선호했지만, 오렐리앙의 할아버지는 북향 경사면의 가치를 믿었다. 그의 탁월한 선택과 신념 덕분에 현재 산도가 좋은 균형 잡힌 샴페인의 생산이 가능하게 되었다.

> "우리 가족은 8대째를 맞이했지만 와인 양조는 할아버지 때부터 시작됐어요. 그래서 우리 와이너리 이름도 할아버지 이름을 따랐죠. 그 전에는 협동조합에만 포도를 팔았는데 할아버지가 결혼 선물로 그의 아버지와 삼촌으로부터 0.4헥타르의 밭을 받으면서 샴페인 생산도 시작하게 되셨죠. 나는 할아버지께 물었어요. '도대체 그 작은 포도밭으로 이곳에서 무엇을 하고 싶으셨어요?' 그분은 '다른 곳과 다른 이곳 떼루아의 성격을 표현하고 싶었다'고 대답하셨어요."

할아버지 때부터 일찍이 유기농업을 시작한 피에르 제르베의 도멘은 이 지역의 선구자이자 오랜 역사를 간직하고 있는 곳이다. 그곳에서 자란 오렐리앙은 부르고뉴에서 공부하고 20대 초반에 도멘에 합류했지만, 늘 스스로에게 질문을 하며 항상 더 나은 방향으로 나아가기를 원했다.

> "나는 부르고뉴와 샹파뉴의 특징을 다 갖고 있는 이곳이 매력적이라고 생각해요. 어떻게 보면 부르고뉴에 더 가깝다고 생각할 때도 있지만,

나는 이 둘 사이의 균형을 잡기 위해 다양한 시도를 하고 있어요. 특히 피노 누아와 함께 이 지역의 새로운 세대 생산자들이 중요한 역할을 할 것이라 확신했고, 우리가 이곳의 새로운 주역이 될 것입니다. 그래서 더 많이 연구하고 새로운 길의 가능성을 열어두어야 해요. 저는 지금 또 다른 프로젝트를 준비하고 있는데, 곧 선보일 테니 기대해 주세요."

나는 무엇보다 그를 샹파뉴에서 피노 블랑의 왕이라 칭한다. 주변의 비뉴홍들도 그를 그렇게 부르곤 한다. 그는 현재 단종된 100% 피노 블랑 밀레짐 와인인 '로리지날L'originale'을 대신해, 가족의 역사를 표현하는 의미로 여러 해의 포도를 쌓아 만든 레제르브 페르페튀엘Réserve Perpétuelle 방식의 100% 피노 블랑 와인 '라 로즈La Loge'를 생산하고 있다. 이 와인은 화려함으로 시선을 사로잡는 요리가 아닌, 재료 하나하나가 잘 익고 간이 잘 베어 균형감과 섬세함이 뛰어난 요리와 같다.

차분하지만 정확하게 대화하는 그를 보고 있자니, 그의 샴페인도 그를 닮았다는 생각이 든다.

- **가지치기 Tailler**

가지치기는 1938년부터 규제되고 있다.

포도나무 관리에서 가지치기는 가장 기초적이면서 중요한 작업이다. 그 이유는 수확물의 품질이 가지치기의 정확성에 크게 좌우되기 때문이다. 가지치기는 포도나무의 생장, 생산량, 그리고 열매의 성숙을 조절한다. 이 작업은 포도 수확 후 첫 번째로 이루어지는데, 잎이 떨어지자마자 시작하여 식물이 겨울 휴면기를 갖도록 12월 중순에서 1월 중순까지 중단했다가 3월 말에 다시 시작한다.

사람들에게 언제나 열린 마음으로 대하는 샴페인 생산자, 티보 브로카Thibaud Brocard의 주변에는 늘 사람들로 가득하다. 그는 긍정적이고 밝은 에너지를 가졌지만, 와인에 관해서는 진솔하며 때로는 스승 같은 면모를 보인다.

샴페인 브로카 피에르는 11세기부터 포도 재배를 이어왔다. 샴페인 생산은 1932년 티보의 할아버지인 조르주 카로Georges Carreau가 시작하였고, 에밀 브로카Emile Brocard, 앙리 브로카Henri Brocard, 피에르 브로카Pierre Brocard가 그 뒤를 이었다. 티보 브로카는 2009년 와이너리에 합류하여 아버지 밑에서 일을 배웠고 3년 뒤 2012년 와이너리의 열쇠를 건네받았다.

> "내가 비밀 아지트 만든 거 알고 있죠? 아 지난번에 왔었나요? 코로나 시기에 봉쇄령 내렸을 때 이 마을에 비밀 아지트를 만들었어요. 거기에는 내가 생산한 와인들도 숙성되고 있지만 좋은 샤퀴트리들이 천장에 주렁주렁 매달려 있죠. 그래서 시음하다가 같이 먹곤 해요."

그는 와인처럼 미식에도 진심이 아니었던 적이 없었다. 그래서 그와 식사를 하거나 와인을 함께 마실 때면 음식과 와인을 소재로 이야기가 끝없이 이어졌다.

코트 데 바에서는 프리미에나 그랑 크뤼 빌리지를 찾을 수 없지만, 개성 있고 독특한 스타일로 훌륭하고 때로는 매우 개인적인 샴페인을 만드는 생산자들을 만날 수 있다. 티보는 유기농으로 전환한 후 가장 적은 양의 이산화황을 사용하고 있다. 또한 피에르 제르베와 같은 지역에 있어 피노 블랑을 재배하며, 단일 품종과 단일 빈티지로 샴페인을 만드는 것을 추구한다. 셀-쉬르-우르스에 7헥타르의 포도밭을 소유하고 있는데, 그중 가장 어린 포도나무는 2013년에 심은 것이고 가장 오래된 나무는 1960년대에 심은 것이다.

2012년 와이너리를 인수하기 전, 그는 부르고뉴에서 공부했으며 떼루아의 특성을 고려해 샴페인과 부르고뉴를 연결하는 샴페인을 만들고자 했다. 그는 샴페인의 산도를 매우 중요하게 여겼고, 자신의 떼루아가 샤블리와 유사하다고 생각했기 때문에 오크통 대신 스테인리스 탱크를 사용해 날카로운 풍미를 살리는

Cuvée
2021

방식으로 샴페인을 양조했다.

티보가 이녹스 발효, 단일 포도 품종 분류, 빈티지별, 구획별 양조를 고집하는 것은 그의 마을 떼루아를 중요하게 여기기 때문이다. 그는 첫 번째 즙인 퀴베와 나머지 따이에를 각각 숙성하고 블렌딩하기도 하며, 작년부터는 코토 샹프누아 실험을 위해 오크통을 사용하고 있지만, 그 양은 단 두 개의 오크통에 불과하다.

> "저는 제 떼루아를 반영하는 강한 정체성을 가진 와인을 만들고 싶어요. 합리적인 수확량과 좋은 성숙도를 결합해야 하기 때문이죠. 이런 방식으로 제 와인은 포도밭에서 최대 90%까지 완성도를 끌어올립니다. 와인 저장고에서는 매년 다양한 빈티지에 필요한 이산화황을 최소한으로만 사용하고 있어요."

와인 애호가로서 티보가 가장 좋아하는 품종은 피노 누아인데, 이는 특유의 복합성 때문이다. 하지만 샴페인 생산자로서는 자신의 블랑 드 블랑을 새로운 방식으로 해석하는 것을 즐긴다. 오늘날 그는 떼루아에 책임을 지는 포도 재배자이자 와인메이커, 그리고 미식 애호가이다.

> "내 인생은 버건디와 샹파뉴의 조화로 요약됩니다. 나는 5년 동안 우리가 샴페인을 마시는 것과는 다른 방식으로 포도나무를 관찰하고 보는 방법을 배웠어요. 그리고 이러한 접근 방식을 나의 와인에 적용하는 것을 좋아합니다. '포도원에는 많이, 지하실에는 조금'이라는 모토로 포도밭에서 대부분 시간을 보내고 있어요. 지금의 나는 미식가이자 와인 메이커로 정의할 수 있지요. 인생에서 가장 하고 싶은 것은 좋은 와인과 함께 음식을 즐기는 겁니다. 그리고 이러한 미식에 대한 열정과 잘 어울리는 샴페인을 만드는 것이 나의 아이디어와 영감의 원천이죠. 다시 말해 요리를 위한 와인 만들기입니다. 나는 2012년부터 셀-쉬르-우르스의 영역에 있었고, 유일하게 확신하는 것은 이곳에서 기꺼이 평생을 보낼 것이라는 겁니다."

지난 세월 동안 그와 샴페인을 시음하면서 늘 음식에 대한 주제가 끊이지 않았고,

그와 식사를 할 때면 각 음식에 맞는 와인이 페어링되었으며, 늘 좋은 식재료가 테이블에 놓여 있었다. 물론 그의 샴페인도 함께 마셨지만 새롭고 흥미로운 와인이 있다면 나에게 추천해서 같이 마시곤 했다. 그래서 그의 샴페인이 음식과 함께했을 때 빛을 발했던 것이다. 그리고 포도밭에서 주로 시간을 보내야 한다는 그의 확고한 생각과 철학에 대해서 대화를 나누다 보면 늘 드는 생각이 있다.

"좋은 포도 없이는 좋은 와인이 있을 수 없다."

• **뱅 클레르 Un vin clair**

뱅 클레르Un vin clair는 1차 알코올 발효를 완료하고 병에 담아 아직 2차 발효를 하지 않은 샴페인 와인이다. 뱅 클레르를 시음하면서 블렌딩 비율을 정하거나 혹은 더 숙성을 할지 아니면 앞으로 어떻게 양조하거나 숙성할지를 결정하게 된다. 샴페인은 전통적으로 작년 수확의 품질과 잠재력을 판단하기 위해 수확이 끝난 후 약 5~6개월 후인 2~3월에 뱅 클레르를 시음하며, 4월에는 뱅 클레르 시음을 위한 전문가 시음회를 주최하기도 한다. 이를 통해 떼루아 뿐만 아니라 양조의 특징과 각 포도가 갖고 있는 특이성을 만날 수 있다.

2021년 가을이 끝날 무렵, 아모리 보포Amaury Beaufort는 자신의 이름으로 첫 샴페인을 출시했다. 나는 그 자리에서 그를 만났다. 한창 책 작업을 하던 중이었기 때문에 아모리를 염두에 두지 않았고, 심지어 다른 생산자의 이야기를 써내려가고 있었다. 그러던 찰나 우연하게 이 프로젝트를 함께 진행하는 포토그래퍼 제레미Jérémie와 시음을 하게 되었고 그를 향한 호기심을 그대로 놔둘 수 없게 되었다.

단지 그와 이야기만 나누고 오자고 했었는데 다녀온 그날부터 한 달간 머리에서 떠나지를 않았다. 그래서 결국 제레미에게 말했다. 나는 아무래도 아모리를 책에 실어야겠다고.

샴페인 앙드레 보포Champagne André Beaufort 가문의 6남매 중 한 명인 아모리 보포는 앙보네Ambonnay에 있는 가족의 와이너리가 아니라, 자신의 철학에 맞고 자신이 만들고자 하는 샴페인과 와인을 만들 수 있는 샹파뉴 남쪽 오브Aube로 터전을 옮겼다.

그가 오브로 옮기게 된 것은 본 대학의 포도주 양조 교육에서 유기농 포도 재배에 대한 인상적인 영감을 받았고, 그에 부합하는 자신만의 미래를 꿈꿨기 때문이었다. 그는 전에 부르고뉴에 있는 그의 포도밭 일부에서 부르고뉴 와인을 양조하기도 했다.

그는 2018년에 가족을 떠나 자신만의 와이너리를 만들었다. 그때 만든 것이 나에게 강렬한 인상을 주고 뇌리에서 떠나지 않던 그의 첫 샴페인 레 자르댕Les Jardins 2018이다. 2003년부터 와인 양조를 하던 아모리는 코트 데 바Côte des Bar로 와서 그의 많은 고민과 철학을 마침내 그 병에 담은 것이었다.

나는 아무런 설명 없이 그의 샴페인을 만났고, 이 모든 것이 나에게까지 전달되었던 것은 아니었을까?

폴리시Polisy에 있는 르 자르디노Le Jardinot라고 불리는 그의 작은 포도밭은 고작 1헥타르도 되지 않는 0.88헥타르 규모이다.

아모리의 가족은 1969년부터 화학물질 없이 포도를 재배해왔고, 그 또한 터전을 옮겼을 때도 자연스럽게 비오디나믹을 적용했다.

CHAMPAGNE
AMAURY
BEAUFORT
BRUT NATURE

그는 르 자르디노라고 불리는 폴리시의 0.88헥타르 농지에서 혼자서 일을 한다. 이것은 아모리가 2018년부터 모든 과정이 어떻게 되는지 직접 확인하기를 원하기 때문에 그에게 중요했다. 포도밭에서 포도 수확 후 병입까지의 과정을 말이다.

> "포도밭의 이름을 '르 자르디노'라고 지은 이유는 이곳을 나의 정원처럼 여기기 때문이었습니다. 이런 생각을 바탕으로 0.88헥타르 정도의 농지면 충분하다고 결정했죠. 그 후 작은 트랙터로 초목을 덮개로 만들고, 가지치기 시즌이 되면 포도나무 가지를 자르지 않고 말뚝에 다시 묶어 2미터 이상 자랄 수 있도록 관리합니다."

그는 포도나무에 잎이 더 많아지고 줄기가 성장할수록 뿌리도 깊이 내려간다는 것을 발견했다. 샴페인 양조에서는 부르고뉴와 가깝기 때문에 키메르지앙과 클레이-라임스톤 떼루아의 특징을 잘 담기 위해 부르고뉴와 샴페인의 양조 방식을 조화롭게 반영하고 있다.

> "모든 머스트는 오크통에서 양조되며 15hl 용량의 타원형 오크통에서 숙성됩니다. 발효는 유황을 첨가하지 않고 토착 효모를 사용하여 자연스럽게 진행됩니다. 오크통에서의 시간은 와인을 안정화시킵니다. 타원형 오크통을 선택한 이유는 바토나주 작업 없이도 자연스럽게 와인이 서로 섞일 수 있도록 돕기 때문입니다. 이로 인해 양조 과정은 최대한 자연스럽게 진행됩니다. 말로락틱 발효는 자연적으로 일어나며, 때로는 알코올 발효와 동시에 발생합니다."

뒤늦게 들은 소식으로는 전 세계에서 그의 첫 샴페인을 시음한 전문가들 대부분이 나와 같은 경험을 했다고 한다. 새로운 충격이 설렘이 되어, 꼭 지금 만나야만 할 것 같은 생산자, 그리고 잊히지 않는 강렬함이 오래오래 여운으로 남는 샴페인이었다.

그곳에 도착하여 디캔터를 이용해 하루 종일 열어둔 샴페인을 시음했을 때, 내가 지금 무엇을 경험하고 있는 것인가 하는 생각이 들었다. 그날의 기억 또한 지금도 생생하게 남아있다.

- **양조 Vinification**

수확 후 스틸 와인을 만드는 것에서 시작한다(가장 일반적으로 샤르도네, 피노 누아, 뫼니에뿐만 아니라 아르반, 피노 블랑 또는 쁘띠 뫼지에와 같은 다른 백포도 품종을 기반으로 함).

그 후 스틸 와인으로 만든 것을 병입 후 코르크 마개 혹은 캡슐로 막고(티라주), 2차 발효를 끌어낸다. 효모의 작용으로 설탕이 알코올로 변형되어 병에 남아 있는 CO2가 방출된다. 숙성 기간이 지나면 르뮈아주로 인해서 죽은 효모로 구성된 침전물이 병목에 모인다. 그런 다음 목 끝을 얼려 침전물을 제거한다. 이것을 "데고르주멍"이라고 한다. 마지막으로 이와 동시에 설탕 시럽 혹은 사탕수수 등을 리큐어에 추가하여 샴페인의 품질과 스타일을 결정할 수 있도록 하는데, 이 과정을 "도사주"라고 한다. 와이너리마다 고유의 방식이 존재하며 당분을 추가하지 않는 곳도 많다.

베르트랑 고트로Bertrand Gautherot는 그의 뿌리, 특히 그의 포도나무의 뿌리를 사랑한다. 뿌리를 들고서 두 시간 내내 이야기를 할 수 있는 사람이자, 샴페인과 비오디나믹에 대해 특별하고 난해하지만 흥미로운 방식으로 표현하는 사람이기도 하다.

부에트 에 소르베라는 이름을 보면서 누군가의 이름을 예상하거나 혹은 두 가문이 모여서 만들어진 도멘은 아닐까라는 생각이 들겠지만 샹파뉴 부에트 에 소르베라는 이름은 두 개의 포도밭deux parcelles에서 유래되었다. 이 책에서 밝히고자 하는 것은 그의 개인사나 양조 방식이 아니라 그가 표현하는 샴페인과 비오디나믹 그리고 그가 생각하는 앞으로의 샹파뉴에 대한 내용이다. 이는 비오디나믹의 선구자로서 앞서 나갔던 그가 샴페인 애호가, 전문가, 새로운 세대의 생산자들, 그리고 이 책을 읽는 모든 이에게 전하는 편지와 같다.

그는 초대형 화장품 브랜드의 립스틱 디자이너로 명품 업계에서 다른 삶을 살다가, 어느 날 진정성 있는 명품인 샴페인을 생산하고 싶다는 생각에 돌아가기로 결심했다.

1980년대 명품 브랜드인 겔랑과 샤넬에서 브랜드의 립스틱 디자이너로 일을 했던 베르트랑 고트로는 1993년이 되던 해 부모님이 계시는 샹파뉴로 돌아가기로 결심했다. 그는 명품이라는 시장을 통해 샴페인의 또 다른 비전을 보게 되었기 때문이다. 샹파뉴로 돌아온 다음 해 포도밭에 사용되었던 모든 제초제와 살충제의 사용을 중단하기 시작했다.

1996년부터 1998년 사이에 그의 사고방식에 많은 변화가 일어났다. 앙셀름 셀로스Anselme Selosse와 제롬 프레보Jérôme Prévost 등의 생산자들을 만나 다양한 지역과 나라를 함께 여행하며 많은 와인을 시음하였다. 알자스, 부르고뉴, 루아르에서 시음과 여행을 하는 동안 그는 자본만을 추종하는 샴페인이 아니라 진정성 있는 와인을 만들 수 있다고 확신하게 되었다. 그 결과 2001년에 협동조합을 떠나 바이오다이나믹을 염두에 두고 와이너리를 시작하였다.

베르트랑은 자신의 포도밭 중에서도 가장 재배하기 까다롭고 곰팡이에 취약한 곳부터 비오디나미Biodynamie를 실험적으로 적용해 나갔고, 이어서

15
L738

cosmique
Hypothèse
GOETHE
Terrestre

포도밭뿐만 아니라 샴페인 양조에 있어서도 샹파뉴 지역 내에서 혁명적인 시도를 하기 시작했다.

대표적으로는 보당을 하지 않고Pas de chaptalisation, 다른 연도와 블렌딩하지 않으며Pas d'assemblage d'années, 도사주를 하지 않고Pas de dosage, 오크통에서 숙성élevage en barique하는 방식을 도입했다. 보당을 하지 않는다는 것은 알코올 도수를 높이기 위해 발효 중 당분을 추가로 주입하지 않는다는 뜻이다. 기온이 낮고 차가운 샹파뉴에서는 포도가 잘 익지 않아 도수가 낮게 나오는 경우가 많아 주로 보당을 이용하여 알코올 도수를 높였지만 베르트랑은 이런 양조방법을 이용하지 않기로 했다.

또한 샹파뉴는 춥거나 비가 많이 내리기 때문에 해에 따라서 포도수확의 차이가 큰 편이다. 그래서 이미 수확하고 보관하고 있던 다른 년도의 뱅 클레르Vin clair와 섞는 것을 허용하였는데, 베르트랑은 다른 년도와 섞지 않고 매해 수확한 그 해의 포도로만 샴페인을 만들었다.

현재는 많은 비뉴롱들이 데고르주멍을 할 당시 당분을 첨가하지 않는 사례가 유행처럼 많아졌지만 베르트랑이 샴페인을 양조할 시기에만 해도 도사주를 하지 않는다는 건 아주 놀라운 사례였다.

그렇게 당시 샹파뉴에서 오랫동안 시행해오던 틀을 과감하게 깨서 양조를 한 결과가 빛을 발휘하고 성취할수록 주변의 많은 시기와 질투를 받아야만 했다.

더군다나 지금의 명성과 달리 부에트 에 소르베는 프랑스 시장에서는 환영받지 못했다. 오히려 다양한 나라에서 먼저 그를 찾게 되면서 샴페인 수출에 비중을 두게 되었고, 그 후에야 프랑스에서도 부에트 에 소르베라는 이름을 알리게 되었다.

프랑스, 작게는 샹파뉴에서 비오를 적용하는 와이너리는 200곳, 비오디나믹을 적용하는 곳은 30곳도 채 되지 않는다고 한다. 이렇게 생각보다 적은 이유는 무엇일까?

"클래식한 샴페인 생산자는 비오디나믹으로 전환하는 것을 어려워합니다. 이는 자신이 자연을 지배하지 못한다는 사실을 받아들이는 데서부터 시작되어야 하기 때문이죠. 예를 들어 우리가 2013년도에 50%의 포도를 잃었다고 가정해 보죠. 우리는 포도나무를 돌보면서 이를 이미 예상하고 받아들이지만, 자본의 흐름을 중시하는 큰 샴페인 메종 혹은 규모가 큰 클래식한 와이너리에서는 그것을 용납할 수 없을 겁니다. 그래서 조금이라도 손실을 줄이고 자연적인 병충해를 예방하기 위해 화학제품을 사용할 수밖에 없겠죠. 필요 이상의 자본을 원하지 않고 생산량의 하락을 받아들이는 것은 사실 쉽지 않은 결정이었어요. 왜냐하면 자연 환경의 상황에 따라서 생산량이 최소 물량에도 미치지 못한다면 가격을 책정하는 데도 어려움이 커지니까요. 즉 비오디나믹을 한다는 것은 자본주의적인 부와 상반되는 선택을 하는 것이죠."

그럼에도 불구하고 자연과 함께한다는 것을 인정한다면 비오디나믹으로 성공할 수 있다. 인공적인 기술이 아니라 자연과 함께 살아가는 것 즉 자연이 친구가 되는 것이다.

베르트랑은 오늘날 그의 딸 엘로이즈Héloise와 함께하고 있다. 앙셀름 셀로스가 기욤 셀로스에게 와이너리를 넘겨준 것처럼, 그도 엘로이즈에게 자리를 내줘야 하는 시기가 다가오고 있다. 그녀는 과연 기욤 셀로스처럼 아버지의 명성을 이어가고 싶을까? 아니면 새로운 실험을 원할까?

"잘 자란 자녀가 있다는 것은 행운입니다. 엘로이즈의 미래에 대해서 내가 이야기하는 건 조심스러운 일이고 나도 그녀가 진로를 고민하는 것은 잘 알고 있어요. 그녀에게는 부에트 에 소르베의 이름이 너무 강하고 인상적이어서 중압감을 느끼는 것 같아요. 그래서 지금 자신의 길을 찾으려고 노력하는 중이라고 말할 수 있겠네요. 그리고 두 가지 코토 샹프누아로 실험을 이어가고 있죠."

베르트랑은 엘로이즈와 스틸와인, 즉 코토 샹프누아Coteaux Champenois에 대해 많은 이야기를 나누며, 점점 변화하는 기후로 인한 고민과 해결책을 찾고 있다. 미래에는 기후 변화로 인해 버블이 들어간 샴페인의 생산을 중단해야 할 날이 올지도 모른다. 이는 인간이 통제할 수 없는 강우량 등의 날씨 변화로 샴페인 지역의 기후가 부르고뉴와 동일해질 경우를 대비하는 것이다. 그럼에도 불구하고 포도의 가치를 지키면서 샴페인을 만들기 위해 계속 노력하고 있다.

그는 늦은 밤 샴페인을 가져와 열어 따라주었다. 한 모금 마시고 다시 이야기를 시작했다. 비오디나믹의 선구자로서 많은 생산자들이 그에게 비오디나믹에 대해 배우고 그의 작업을 보러 올 만큼 중요한 위치에 있음이 틀림없다. 현재 새로운 세대의 많은 사람들이 그가 추구하는 것처럼 자연 친화적인 샴페인을 만들어가고 있는데, 과연 오늘날 비오디나믹은 진화하고 있는 것일까? 혹은 지금이 완성된 단계인 것일까? 아니면 앞으로 더 변화할까? 라는 의문을 던졌다.

"어떤 문장을 본 적이 있어요. 정확하지는 않지만 '새로운 과학의 시작으로 많은 발전이 있다'라는 내용이었어요. 비오디나믹이 와인에서 결과를 내고 있기 때문에 그 영향을 알고는 있지만, 그것을 과학의 시각으로 정확하게 풀어내지는 못하고 있어요. 예를 들면 뉴턴의 사과처럼 말이죠. 무슨 일인가가 일어나고 있지만 뉴턴 이전에는 아무도 중력에 대해 수학적으로 설명하지 않았어요. 그렇듯이 비오디나믹에도 뭔가가 일어나고 있지만 왜 이런 일이 일어나는지에 대한 설명이 없지요. 그래서 과학자가 이를 연구하기 시작하면 비오디나믹의 과학은 매우 빠르게 발전할 것이고, 우리는 왜 이것이 이런 결과를 내고 혹은 왜 이것이 이렇게 연결되는지를 훨씬 더 잘 설명할 수 있게 될 겁니다. 이것이 비오디나믹이 가야 하는 미래의 방향이라고 생각해요."

LATOUR
15
L738
15
L940

• **뿌리 Racine**

포도나무는 그대로 두면 무성하게 자라기만 하고 열매는 거의 맺지 않는다. 즉 제대로 결실을 맺지 않는다. 유기농 농법이란 자연 상태 그대로 두는 것이 아니라, 이들이 제대로 결실을 맺을 수 있도록 보호하고 최소한으로 도와주는 작업이 동반되어야 한다. 최소한이라고 하지만 자연주의적 방식으로 포도나무 스스로 사계절을 잘 지낼 수 있도록 하기 위해서는 사람의 수고가 많이 필요하다. 아름답고 건강한 포도를 수확하려면 복잡한 과정을 거쳐야 한다는 것이다.

다른 모든 식물과 마찬가지로 포도나무는 잎을 통해 숨을 쉰다. 뿌리를 통해 먹고 잎으로 숨을 쉬기 때문에 뿌리의 존재는 아주 중요하며 토양에 존재하는 필수 요소는 뿌리에 의해 흡수되어 다음 단계로 진행이 된다. 잘못된 포도나무 뿌리의 경우 겉으로는 문제가 없어 보일 수 있지만, 깊게 뿌리를 내리지 못함으로 인해 미네랄 성분과 땅속 깊숙이 있는 진정한 떼루아의 특징을 끌어올릴 수 없다.

제3장.

당신의 샴페인을 책임져도 될까요?

샴페인의 새로운 세대 교체

"Nouvelle génération"은 현재 프랑스 와인 흐름에 대해 대화를 나눌 때나 와이너리나 생산자들의 주제가 나올 때 자주 들을 수 있는 단어다. 특히 생산자들이 자신을 소개할 때나 우리가 어떤 와인의 생산자를 소개할 때 앞에 붙일 수 있는 수식어로, 직역하면 신세대지만 이를 통해 우리가 표현하고자 하는 것은 새로운 세대를 말한다.

새로운 세대로 넘어가는 시기에는 샴페인의 양조나 재배 방식에 변화가 생기면서 조금 더 다른 방향으로 변경되거나 그 전에 이루어지던 방식이 더욱 확장되기도 한다. 앞서 언급한 생산자들 중 부에트 에 소르베Vouette et Sorbée 설립자 베르트랑Bertrand, 자크 셀로스Jaques Selosse의 앙셀름 셀로스Anselme Selosse가 대규모 생산을 위한 제초제 사용과 포도밭 확장에 반대하며, 단지 축제에서 터트리기 위한 샴페인이 아니라 식탁 위에서 제대로 즐기는 미식 샴페인을 만든 1세대 아티스트 생산자라면 그 뒤를 따르는 세대는 프레데릭 사바Frederic Savart, 베레슈 에 피스Bérèche & Fils, 에티엔 칼작Etienne Calsac, 스트뢰벨Stroebel 등이라고 할 수 있다. 그리고 이제는 또 그들과 다른 새로운 시대가 열리기 시작했다.

더욱 자유분방하고, 자신이 직접 제어 가능한 분량의 샴페인을 만들며, 자신들보다 앞선 생산자들의 샴페인에 의문점을 던지기도 한다. 앞서 말한 생산자들이 오늘날까지 샴페인의 트렌드를 만들어 왔다면, 앞으로의 샴페인은 이들의 몫이다.

그래서 지금 전 세계가 그들에게 집중하고 있고, 이 외에도 샹파뉴의 크룩, 떼땅제 등 큰 메종 샴페인에서도 아주 중요한 존재인 만큼 그들의 무게감도 무겁고 기대감도 클 것이다.

처음 셀로스와 부에트 에 소르베가 세상에 나왔을 때는 예상하지 못했던 샴페인의 특징을 갖고 있었고 제한되는 법도 많았다. 롤 모델로 삼을 만한 존재가 샹파뉴에 없었을 뿐만 아니라 자신이 어떻게 가고 싶은지에 관해 이야기할 사람들이 많지 않았고, 사방에 반대 의견만이 가득했다. 그들이 샴페인을 만들기 전까지 샴페인은 단지 2차 발효를 끝낸 비싼 스파클링 와인이자 화려함을 대표하고 각종 사치와 파티에나 어울릴 법한 이미지로 전 세계에 이름을 알렸다. 그러나 그들이 만든 샴페인은 기존의 향 없던 샴페인에 철학과 향기를 더했고, 시간이 지남에 따른 맛과 향의 변화를 비교하며 시음할 수 있게 되었다. 또한 샴페인에서는 처음으로, 잘 익은 부르고뉴 와인처럼 폭발하듯 뿜어져 나오는 향을 느낄 수 있게 되었다. 그 후부터 사람들은 축제가 아닌 미식을 위한 샴페인이 세상에 나왔다면서 샴페인에 주목하기 시작했다.

지금 새로운 세대에서 주목받는 아티스트 생산자들, Nouvelle generation은 누구일까? 대표적으로 꼽아보자면 피에르 드빌Pierre Deville, 퐁송Ponson, 르그랑-라투르Legrand-Latour, 라 로즈리La Rogerie, 와리-라르망디에Waris - Larmandier 등으로, 처음으로 자신이 만든 샴페인 밀레짐이 10년이 채 지나지 않은 생산자들이다. 물론 일찍 와이너리에 합류해 샴페인을 만든 피에르 제르베Pierre Gerbais나 브로카Brocard는 Nouvelle generation이자, 이미 안정적으로 자리잡은 생산자로 언급할 수 있다.

잘 익은 황금빛 샴페인 색감을 띠고 오크통의 견과류 향이 넘치며, 버섯과 숲속의 젖은 나무 향기, 그리고 꿀의 여러 가지 복합미가 산미보다 더 강해서 사람들에게 놀라움을 줬던 샴페인이 1세대와 2세대의 흐름을 이끌었다면, 현재는 조금 더 다양하게 발전하고 있다. 그 중에서도 Nouvelle génération에게 중시되는 것은 산화된 맛을 이끌어내는 것보다 산미에 더 가까워지는 것이다. 또한 포도 자체의 향을 잃지 않도록 인위적인 가공을 최대한 배제하는 것이다. 그들의 이러한 노력은 포도를 재배하는 순간부터 시작되며, 자신의 철학과 맞는다고 생각할 경우 다양한 지역에서 사용되는 방법을 시도해보기도 한다. 누군가를 따라하는 것이 아니라 스스로 원하기 때문에 시도한다는 진취적인 사고방식이 눈에 띈다.

'낮은 수확량과 높은 수준의 포도 재배'라는 단순하지만 어려운 과제는 특히 샹파뉴에서 쉽지 않다. 샴페인에서 포도 1킬로그램이 7유로에 팔리고 있는데, 이는 프랑스에서 가장 높은 가격으로 거래되는 것이다. 그러므로 오히려 생산량을 늘려서 포도를 판매하는 것이 더 쉽고 더 많은 수익을 보장할 수 있다.

그러나 지금의 상황에서 멈추지 않고 나아가려는 변화의 열정은, 자신의 운명을 자연에 맡기기로 결심한 Nouvelle génération(새로운 세대)의 생산자에게서 나온다. 일부는 유기농 포도 재배와 생물역학적 재배로 옮겨가고 있으며 대다수는 기존의 모델에서 벗어나기 위해 아이덴티티인 떼루아를 중점을 두어 생산하기를 원한다.

레 벙덩주

Les Vendanges

9월, 매해 수확시기와 겹쳐서 한국에서 가장 중요한 추석이라는 명절을 까마득하게 잊고 몇 년간 이들과 함께 포도수확을 하며 지내왔다.

전 세계의 와인 전문가들과 프랑스 미식 업계에서 일 년 중 가장 주목하는 것은 바로 프랑스의 '레 벙덩주'로, 한국어로는 '수확'이라고 표현할 수 있다. 특히 샹파뉴 지역에서는 포도밭에서의 작업을 매우 중요하게 여긴다. 샴페인 생산에 큰 영향을 미치는 수확 시기를 결정하기 전까지 매일 날씨를 예의주시하며 긴장감을 늦추지 않는다. 한편으로는 드디어 한 해의 수확을 한다는 기쁨과 함께 수많은 일들이 기다리고 있다.

포도 수확은 전 세계의 다양한 사람들을 한자리에 모으는 특별한 힘을 가지고 있다. 한국의 추석이 풍년을 기원하는 명절이라면, 벙덩주에서는 함께 수확하며 그 기쁨을 누리고, 수확에 참여한 사람들이 함께 제철 식재료로 만든 음식을 즐긴다. 가정식을 준비하거나 셰프를 초청하여 와이너리마다 약 10일~15일간 함께 지낸다. 좋은 식재료를 먹고 마시는 것이 하나의 문화로 떠오르는 오늘날, 와이너리에서는 포도를 수확하고 정성스럽게 준비한 맛있는 음식과 함께 그들의 까브 깊숙히 숨겨둔 와인을 꺼내 마신다.

포도 수확의 최종 결정은 이 주간 잠시 지켜보다가 수확 시기 일주일 전부터 매일 날씨를 확인하고 포도밭을 나가 샘플 포도를 채취한 후 확정하게 된다. 수확을 함께 하는 친구나 가족, 그리고 이 수확에 참여하고 싶은 사람들 모두 여유롭게 앞뒤로 일주일씩 더 시간을 비워둔다.

수확 시기에는 세 개의 팀으로 나뉜다. 매일 음식을 담당하는 주방팀, 포도를 따고 압착기가 있는 곳으로 갖고 오는 작업까지 담당하는 수확팀, 그리고 수확시기에 제일 중심부 압착기와 지하 까브를 담당하는 팀. 압착기와 까브에는 샴페인 생산자 즉, 양조가와 그의 가장 가까운 측근들이 함께한다. 가장 편해 보이지만 사실은 심장부이기 때문에 이곳은 새벽까지 열흘 내내 멈추지 않는다. 서로 각자의 하는 위치와 담당은 다르지만 한 가지 공통점은 아침부터 샴페인과 와인, 곁들여 먹을 치즈 등을 먹고 마신다는 것이다.

이른 새벽 7시쯤 포도밭에 나가 포도를 수확하기 시작하고, 그 사이 까브에서는 전날 수확해서 보관한 포도의 무게를 측정하고 압착한다. 압착을 아주 천천히 섬세하게 하기에 다른 지역보다 시간이 많이 소요된다. 그래서 그 사이에는 짜여지는 포도즙마다 따로 분류해 스틸통에 24시간 동안 보관했다가 불순물이 가라앉힌 후 다시 발효를 위한 오크통이나 다른 곳으로 옮겨지는 작업들이 이루어져야 하기 때문에 이 모든 과정을 하기 위한 준비를 한다. 이 작업이 완벽하게 이루어져야 하기 때문에 심장부인 압착기와 까브 담당은 저녁을 먹고 모두가 휴식을 취하고 자는 시간에도 계속 반복되는 작업을 수행한다.

그리고 수확의 마지막 날에는 밤새 파티가 이어지는데 이 장면은 흡사 프랑스 영화 중 2018년 한국에 소개되었던 <부르고뉴, 와인에서 찾은 인생>에서 포도 수확의 마지막 날을 축하하는 파티 장면과 흡사하다.

한창 많은 사람들이 짧게는 열흘 혹은 2주 이상을 함께 지내며 마지막 날 뒤풀이 겸 파티를 하는데 이와 동일한 의미를 갖는 파티를 샹파뉴에서는 르 코슐레Le Cochelet라고 하며, 샹파뉴 남부인 오브L'Aube에서는 르 시앙le chien이라고 불리우고 있다. 이 날은 내 안의 나를 버리고 깊이 숨겨두었던 내면의 나를 만나는 날이라고 하면 좀 더 쉽게 이해를 할 수 있을까? 쉽게 말해 포도 압착기인 수확과 함께 프레수아Pressoir의 사용이 끝나는 저녁에 술이 취할 때까지 마시고 먹고 또 마시며 즐기는 축제와 같다. 마치 다음날은 없다는 듯이.

수확시기에 있는 연대감은 말로 설명이 어렵다. 한번 수확시기에 오기 시작한 사람들은 자신이 결혼한 후에도 혹은 아이를 데리고 오거나 혹은 손자 손녀들까지 세월이 흘러서도 항상 찾아온다. 어느 날, 프레르 미뇽Freres mignon의 포도밭에서 포도를 따며 알게 된 한 친구에게 점심을 먹으면서 물었다. "너는 샹파뉴에 살고 있지도 않고 관련하여 일을 하지 않으며 이들과 친구나 가족도 아니고, 그렇다고 돈을 위해서 일하는 것도 아니라면 어떻게 이곳을 매해 오는 거야?"

> "음… 우리는 3대가 매해 프레르 미농의 포도 수확을 함께했어. 그의 할아버지가 포도를 재배하던 순간부터. 처음에는 할아버지가 오기 시작했고. 그다음은 아버지 그리고 나도 아버지를 따라 어린 시절부터 함께 했는데 어느새 3대가 같은 곳에 매해 연례행사처럼 오게 되었어…"

레 벙덩주, 앞서 말한 것처럼 단지 수확이 아닌 중요한 프랑스의 문화이며, 전 세계의 다양한 사람들을 한자리에 모으는 하나의 특별한 힘을 가지고 있는 게 틀림없다.

코토 샹프누아의 화려한 귀환

Coteaux Champenois

샹파뉴에서 스틸 와인의 생산은 기포가 있는 샴페인의 출현보다 앞서 있다. 갈리아 시대부터 노트르담 대성당에서 클로비스가 개종한 기독교 시대에 이르기까지 포도 재배는 종교와 역사, 문화적으로 중요한 역할을 하고 있다.

역사가 에릭 글라스트르Eric Glastre와 조르주 클로즈Georges Clause에 따르면 1493년 기록에서 "뱅 드 샹파뉴Vin de Champagne"라는 표현을 찾아볼 수 있는데, 이를 통해 당시 샹파뉴 와인이 이미 존재하고 있었음을 알 수 있다. 하지만 기포가 있는 스파클링 와인 즉 샴페인이 전 세계에 빠르게 퍼진 결과 코토 샹프누아Coteaux Champenois는 오히려 생산량이 감소되면서 생산을 멈춘 와이너리들이 하나둘씩 생기기 시작했다.

각자 이유는 다양했다. 대규모 샴페인 하우스에서는 자신들의 이미지와 맞지 않는다거나 더 높은 가격에 팔 수 없을 거라는 이유로 코토 샹프누아를 거부했다. 화려한 축배의 상징인 샴페인을 만드는 자신들의 마케팅과는 어울리지 않다고 확신했던 것이다. 이는 전 세계 사람들이 기포가 화려하게 올라오는 샴페인만 선호했기 때문이었다.

그러나 소비 시장에서 보이지 않는다고 해서 사라진 것은 아니었다. 일부 와이너리에서는 포도를 수확할 때 그 다음 해 포도 수확에 참여할 친인척들과 함께 마시기 위해서 코토 샹프누아를 따로 양조해서 저장해 두고는 했다. 수확할 때마다 그전 해를 기억하고, 또 현재를 저장하면서 다음 해를 기약하는 작업. 그것은 그들에게 사진을 찍어 두고두고 기억해 두는 것과도 같았다.

19세기부터 몽타뉴 드 랭스Montagne de Reims에 있는 마을 중 부지Bouzy 그리고 뀌미에흐Cumières, 피노 누아의 고향인 오브Aube에 이르기까지 코토 샹프누아가 미식가들을 위해 소량 생산되기 시작했다. 주로 레드 품종인 피노 누아로 만들어진 코토 샹프누아는 시간이 흐르면서 아는 사람들만 즐기는 특별한 와인이 되었다. 하지만 이는 대중들보다는 샴페인을 잘 아는 사람들에게만 주어지는 특별한 대접과 같은 것이었다.

앞서 챕터 3의 코트 데 바Côte des Bar에서 언급되었던 피에르 제르베Pierre Gerbais의 샴페인 생산자 오렐리앙Aurelien은 몇 년 전에 만났을 당시 오크통에 피노 누아로 된 코토 샹프누아를 테스트하고 있었는데, 그것은 판매를 위해 만든 것이 아니었다. 단지 자신이 부르고뉴에서 양조학을 공부했었고, 와이너리가 위치한 곳의 떼루아가 부르고뉴와 같았으며, 피노 누아라는 동일한 공통점을 가지고 있어 테스트 겸 자신이 마실 와인을 오크통 하나에 만든 것이었다.

당시에는 병입 전이었기 때문에 나에게 테스트 겸 시음해 보라며 따라 주었는데, 당시 이녹스 발효만 하던 피에르 제르베의 오렐리앙은 이 스틸 와인만 예외적으로 오크통을 사용해서 흥미로웠던 기억이 생생하다. 첫 시음 당시 아주 섬세하고 우아하지만 차가운 코토 샹프누아라고 메모해 뒀었는데, 그때 그가 만든 코토 샹프누아가 언젠가 나오기를 바라다가 몇 년이 지난 뒤에야 어느 와인 샵에서 우연히 그 와인을 다시 만날 수 있었다.

그때의 기억 때문일까. 나는 지금도 여리여리하고 가벼운 레드와인이 생각날 때는 자연스럽게 피에르 제르베의 코토 샹프누아를 선택한다.

그 후 몇몇 와이너리들도 작황이 좋았던 해에는 샴페인을 위한 포도 외에도 코토 샹프누아를 위한 포도를 따로 남겨 두었고, 그 포도를 개인적으로 테스트하거나 가까운 미래에 판매하기 위해서 양조하기 시작했다.

기후 변화와 함께 샴페인을 만드는 생산자들의 양조 철학이 바뀌었다. 이제는 화려한 브랜드 이미지 마케팅보다 개별 생산자의 스토리가 더 중요해졌고, 샴페인 또한 식탁 위에서 미식을 위한 중요한 메뉴가 되었다. 그 결과, 샴페인 생산자들이 만든 스틸 와인도 부르고뉴의 명성에 뒤지지 않으며, 가격 면에서도 부르고뉴의 명가보다 합리적이라는 평가를 받고 있다. 한편, 오늘날 부르고뉴는 기후 변화로 인해 프랑스 남부의 양조 방식을 따를 수밖에 없는 상황으로 변해가고 있다. 생산량이 적어 좋은 와인의 가격이 급등하고 있어, 앞으로는 이를 접하기 힘들 수도 있을 것이라는 주장들이 제기되고 있다.

그렇다면 이미 전 세계에서 이름을 알리고 있는 샹파뉴의 아티스트 생산자들이 샤르도네와 피노 누아로 만드는 스틸 와인은 부르고뉴 와인을 찾는 사람들에게 충분히 매력적일 수밖에 없다.

2022년 4월, 샹파뉴에서 처음으로 코토 샹프누아만 시음하는 전문가 시음회가 부지를 중심으로 개최되었다. 부지 마을에서 몇 개의 와이너리를 중심으로 그룹을 만들어 시음회를 진행하는 방식이었는데, 대부분 2018년 빈티지를 선보였다는 공통점이 있었다. 왜 2018년 이후 코토 샹프누아의 비중이 높아졌을까?

2018년은 샹파뉴의 작황이 아주 풍작이었던 해라서 그동안 샴페인 외에 스틸 와인을 만들려고 기회를 보고 있던 생산자들이 대거 양조에 참여했기 때문이다. 더 놀라웠던 점은 몇몇 누벨 제너레이션Nouvelle generation 생산자는 기포가 있는 샴페인을 생산할 생각이 없으며, 당분간은 오로지 코토 샹프누아 즉 스틸 와인만 만들 예정이라고 했다는 것이다.

그동안 코토 샹프누아에 관심이 없던 대형 샴페인 회사에서도 이에 대한 비율을 점차 늘려가고 있다는 점을 인지한다면, 코토 샹프누아는 단지 아티스트 생산자들만의 변화의 바람은 아니다. 이 모든 변화를 감안할 때 현재 샴페인 업계에 새로운 바람이 불고 있다는 점은 명확하다.

루돌프 슈타이너Rudolf Steiner는 1920년대에 이미 화학 비료, 합성 살충제 및 기타 제초제 사용이 토양을 오염시키기 시작한 문제를 인식했다. 그는 교육, 철학, 문학, 건축, 농업 등 다양한 학문을 다루었기에 농업은 결국 그가 연구한 분야 중 작은 일부분에 불과했다.

루돌프 슈타이너는 생물 다양성이 성공의 열쇠 중 하나인 농업에서 생물들이 서로 자급자족할 것을 권장해왔다. 이상적으로는 숲, 소를 위한 초원, 여러 동물의 사육, 식물 재배가 가능한 땅을 갖추고 있어야 하며, 동물의 퇴비가 자연적으로 생산되어야 한다. 그러나 그동안 포도재배로 인한 다양성 부족은 자연의 균형과 생명을 파괴하고 질병의 확산을 초래하며, 점점 더 농약과 이산화황 등 많은 화학물질에 의존하게 만들었다.

포도밭의 지배력으로 인해 슈타이너가 옹호하는 유기농업을 조직하기에는 매우 어려움이 따른다. 모든 단일 재배는 서로 자급자족할 수 있는 균형 잡힌 환경에 반하며, 토양 고갈과 질병을 초래한다. 즉, 단작은 아름다운 자연과 삶의 조화를 흐트러뜨린다.

Bio는 생물 다양성과 균형을 가져오고 농작물을 강화하며 질병을 퇴치하는 것을 목표로 한다. 이는 작물을 심는 땅, 즉 떼루아에 중점을 두고 다양한 작물을 심어 동물들이 이를 먹고 자연스럽게 퇴비를 만들어 땅을 비옥하게 하는 방식이다. 숲은 이러한 동물들에게 안식처를 제공하며, 이러한 상호작용을 통해 농작물이 잘 자랄 수 있는 환경을 조성하고 더 나아가 자연을 보호하는 역할도 한다.

Biodynamique는 Bio의 개념을 기반으로 하되, 더 나아가 달과 행성의 주기에 대한 존중, 그리고 의식의 개념 등 우주의 에너지를 농업에 적용하는 방식이다. 즉, 떼루아에 중점을 두는 것을 포함하여 보이지 않는 우주의 흐름과 기운까지 농업에 적용하는 것이라고 할 수 있다.

이 이야기를 하기 위해 참 멀리 돌아온 느낌이다. 프랑스와 한국에서 수많은 지인들이 나를 볼 때마다 많은 질문을 늘어놓는다. 많이 듣는 질문 중 하나는 샴페인은 언제 마시냐는 것이었다. 심지어는 샹파뉴에 사는 몇몇 친구들조차도 샴페인은 단지 아페리티프에 불과한 것으로 취급하며, 식사를 위해 테이블로 자리를 옮겼을 때는 샴페인 병을 멀리했다. 그리고 주말 아페리티프마다 마시는 것도 부담스러워서 마시지 않는 사람들도 많다. 샴페인은 어느 나라에서든지 비싼 몸인 것은 변함없는 사실이므로 접하기 어려울 때도 있다는 것을 나 역시 잘 인지하고 있다.

프랑스와 전 세계 어디에서나 축하의 샴페인은 "펑"하는 소리를 낸다. 그런데 코로나가 기승을 부리기 시작하자 최고의 매출을 달성하며, 사람들이 할 말을 잃게 만들었다. 이와 비슷한 대유행은 오래 전에도 존재했었다. 루이 파스퇴르의 명언 중 "샴페인 없는 식사는 햇살 없는 하루와 같다."라는 말이 있는데 영광을 다시 되찾은 해이기도 한 셈이다. 그러나 이러한 영광은 그때와는 다르게 화려한 거품과는 거리가 먼 소비 코드를 가지고 있다.

샴페인은 점차 아페리티프와 축하 행사용으로만 여겨지지 않고 하나의 와인으로 인식되고 있다. 이제는 샴페인 한 병을 여는 것이 더욱 친숙해졌으며, 식탁에서 혹은 일상적인 상황에서 샴페인을 따르는 것만으로도 특별한 순간이 되고 있다.

그렇기에 오랜 세월 동안 디저트나 식전주로 제공되는 것으로 인식되어져 왔던 샴페인은 어느새 생선, 고기 및 치즈와 짝을 지어 식사에서 더 많이 사용되고 있으며, 미슐랭 쉐프들과 미식가들의 마음을 사로잡으며 빠르게 퍼져 나갔다. 또한 가스트로노믹 레스토랑에서는 코스가 길어지면서 자칫 무거워질 수 있는 상황에서 샴페인의 산미와 요오드함이 요리 자체에 활력을 주고 균형을 잡아주는 역할을 하기도 한다.

나 또한 샴페인으로 시작해 샴페인으로 마무리하는 식사가 90%를 차지한다. 아펠라시옹의 다양성과 각 생산자의 개성이 뚜렷하고 아페리티프를 시작할 만한 가벼운 샴페인부터 품종별 마을별 샴페인, 코토 샹프누아, 그 외에 라타피아까지 다양한 종류의 샴페인이 풍요롭고 매력적인 모습들로 나를 유혹한다.

과거에는 이러한 일이 쉽지 않았다. 지난 세기의 샴페인 생산자들은 품질이 좋지 않거나 숙성이 충분하지 않은 샴페인을 숨기기 위해, 2차 발효 후 효모 찌꺼기를 제거하는 과정에서 설탕을 과도하게 첨가하는 경향이 있었다. 또한 대부분의 소비자들은 다양한 종류의 샴페인이 존재하고, 샹파뉴 지역에서 샴페인 외에도 즐길 수 있는 다양한 것들이 있다는 사실을 몰랐다.

앞서 언급했듯이, 오늘날의 샴페인은 각 품종과 떼루아의 특성, 블렌딩의 미묘한 차이를 정확하게 표현하며, 당분의 첨가 여부도 세밀하게 조절하여 양조된다. 이로 인해 다양한 음식과 잘 어울리는 샴페인을 즐길 수 있게 되었다.

이 책을 통해 독자들이 미식가의 관심을 넘어서, 샴페인의 폭넓은 가능성을 경험해 보기를 바란다. 오늘날 샴페인은 '와인의 왕'이라는 타이틀을 넘어 '식탁의 왕'으로서 미식 세계를 정복해 나가고 있다.

특별한 순간, 좋은 요리, 함께하고 싶은 사람들을 위해 샴페인을 오픈한다면 이미 제대로 즐기는 것이라 할 수 있겠지만, 그 순간을 더 잘 즐기려면 어떻게 해야 할까? 그동안 받았던 많은 질문을 통해 다섯 가지로 추려서 질의응답으로 구성해 봤다.

Q **에티켓에 밀레짐(빈티지)이라는 표식이 없는데, 그렇다면 그 샴페인은 NV(여러 해의 빈티지가 블렌딩되어 있음을 뜻하는 표식)인가요?**

A 샴페인 에티켓에 밀레짐이라는 표식이 없다고 해서 모두 NV는 아닙니다. NV도 일반적으로는 에티켓에 기입되어 있기 때문에, 그럴 경우 병 후면의 에티켓을 다시 살펴보면 좋습니다. 예를 들면 Vendange, Recolte라는 단어 혹은 줄여서 V 또는 R만 기입하고 옆에 숫자가 있다면, 그 해에만 수확한 포도로 만들었다는 의미를 나타냅니다. 샴페인은 36개월 동안 1차 병 숙성을 끝내고 나서야 밀레짐이라고 말할 수 있으며, 에티켓에 표시할 수 있는 자격이 주어집니다. 그보다 짧은 기간 1차 발효를 할 경우 밀레짐이라고 할 수 없으니 Vendange수확, Recolte따다, 수확를 기입하는 것입니다. 만약 2019년에 수확한 포도지만 36개월 미만으로 1차 발효를 했다면 Vendange 19 혹은 V19로 기입되어 있는 것을 확인하실 수 있습니다.

Q **저는 단 샴페인을 싫어해요. 샴페인마다 단맛의 정도가 다를 것 같은데 어떻게 하면 알 수 있나요?**

A 제조 과정을 설명하면 좀 더 쉽게 이해할 수 있을 것 같습니다. 샴페인 양조는 일반 스틸 와인에 비해 더 복잡한 과정을 거칩니다. 첫 번째 과정은 스틸 와인을 만드는 것부터 시작해서 1차 발효를 하며(일반적으로 4월 또는 6월까지), 그런 다음 2차 발효를 위한 병입

단계, 즉 와인을 병에 넣으면서 병 안에서 발효를 일으키기 위해 자연 효모나 약간의 당분 혹은 리큐어를 첨가합니다. 그 후 최소 13개월 정도 지난 후 병 숙성이 끝나고 형성된 침전물을 제거하는 작업을 하는데, 이를 데고르주멍이라고 하며 동시에 도사쥬 작업을 하게 됩니다. 도사쥬 작업은 침전물이 제거되는 작업 중 일부 손실된 샴페인을 넣어주는 작업과 함께 샴페인의 당분 비율을 결정하는 작업을 일컫는데, 첨가하는 당분 비율에 따라 샴페인의 종류가 달라지게 됩니다.

- Brut Nature: 0~3g
- Extra-Brut: 0~6g
- Brut: 6~12g
- Extra-Sec: 12~17g
- Sec: 17~32g
- Doux: 50g 이상

단 느낌의 샴페인을 원하지 않는다면 Brut Nature 혹은 Extra-Brut을 선택하시면 됩니다. 다만 샴페인 종류나 생산 년도, 생산자에 따라 Extra-Brut이지만 단맛이 많이 느껴지거나 Brut이지만 당분이 많이 느껴지지 않는 경우도 있답니다.

Q **집에서 혼자서 샴페인을 마시고 싶은데 한 병을 다 마시기 어려운 경우가 있어요. 일반 스틸 와인은 병에 있던 코르크로 막아두는데 샴페인은 이럴 때 어떻게 해야 할까요? 그리고 마시다 남겨서 보관하면 맛이 나빠질까요?**

A 요즘에는 한국에서도 샴페인 스토퍼를 인터넷으로 구매할 수 있는 사이트가 많아졌기 때문에, 적은 비용으로도 샴페인 스토퍼를 구매할 수 있답니다. 샴페인을 마시고 싶은데 한 병은 혼자서 다 마시기 부담스럽거나 천천히 시간을 두고 마셔보고 싶다 하시는 분들은 샴페인 스토퍼로 닫아두시고 나중에 다시 마시면 됩니다.

시간이 지나도 최적의 조건에서 마시고 싶을 때는 샴페인이 60% 정도는 남은 상태에서 보관하시는 것을 추천하고, 닫아두고 보관한 후에는 평균적으로 일주일 안에 마시는 것이 좋습니다.

Q **샴페인도 디캔팅하나요?**

A 네, 저는 종종 혹은 자주 하는 편입니다. 샴페인이 간혹 제 성격을 잘 보여주지 못할 경우도 있는데 그때는 디캔팅을 하면서 공기와 접촉시켜 줍니다. 시간이 여유로울 때는 디캔팅하지 않고 병을 미리 열어서 샴페인이 천천히 열릴 수 있게 기다립니다. 샴페인 종류마다 디캔팅을 할지 안 할지 결정할 수 있는데, 향이 예전보다 발현이 안 된다 싶을 때는 시도해 보시는 것을 추천드립니다. 디캔터가 없으면 15분 전에 미리 병을 열어두는 것도 좋습니다.

Q **샴페인과 굴이 환상의 조합이라고 들었는데, 전 한국에서 먹었을 때 감흥이 오지 않았어요. 샴페인은 굴 혹은 해산물과 잘 어울리는 게 맞나요?**

A 참 어려운 질문이네요. 우선 굴도 자라는 지역과 품종, 크기 등에 따라 맛이 너무나 달라서 모든 샴페인과 굴이 잘 맞는다고 말씀드리기는 어렵습니다. 샴페인과 굴을 함께 드시려면 우선 요오드한 특징을 갖는 샴페인을 선택하시는 게 좋지만, 굴도 어떤 굴을 선택하는지에 따라 다르겠죠? 샴페인의 특징이 다 다르듯 굴도 다양해서 내가 먹고자 하는 굴의 맛을 정확히 알면 샴페인을 선택하는 데 도움이 된다고 말씀드릴 수 있겠습니다. 기회가 되다면 한국의 굴들과 샴페인 종류에 따른 페어링을 연구해 보고 싶네요.

Q **샴페인도 마시는 잔이 중요한 것 같아요. 생산자마다 샴페인에 선호하는 잔이 따로 있나요?**

A 네, 샴페인도 와인과 같아서 잔이 참 중요합니다. 어떤 잔에

마시는지에 따라 생산자가 표현하고자 하는 샴페인의 특징이 더 잘 드러나기 때문이죠. 간략하게 답변드리자면, 요즘 새로운 세대의 생산자들은 시도니오스를 선호하고, 자크 셀로스는 리델 브랜드를 선호합니다. 그러나 잔의 브랜드와 상관없이 어떤 맛을 더 끌어내고 싶은지에 따라 결정하는 것이 좋습니다. 차갑고 날카로운 느낌을 원하시면 잘토 유니버셜을, 풍부함을 원하시면 리델의 그립감 있는 잔을, 그 중간의 느낌을 원하실 경우 시도니오스와 레만 잔을 추천드립니다. 이 외에도 다양한 브랜드의 잔들이 존재하는데, 처음 샴페인 잔을 선택하실 때는 입술이 닿는 림Rim 부분도 중요하지만, 샴페인을 담는 볼Bowl의 형태를 먼저 보시는 것이 샴페인의 다양한 향과 맛을 느끼는 데 도움이 될 것입니다.

에필로그

샴페인과 함께하면 당신의 인생은 완벽해질 수 있다

나는 샴페인을 마시며 샴페인 속에서 살아가고 있다. 자신이 좋아하는 것이 일이 되면 덕업일치라 하고, 좋아하는 것이 직업이 되는 것은 더할 나위 없다고들 한다. 나는 샴페인을 마시며 샴페인에 대해 이야기하고 샴페인과 함께 살고 있다. 매일 아침 고요하고 아름다운 풍경을 바라볼 수 있고, 기분에 따라 마시고 싶은 샴페인을 오픈할 수 있다. 눈앞에 펼쳐지는 광경이 마치 한 폭의 그림 같은 곳에서 말이다.

매일 아침저녁으로 의식처럼 하는 행동이 있다. 아침에는 침실에 있는 아주 높고 커다란 창문 너머로 보이는 Saint-Andre 교회 위로 아침 해가 떠오르는 것을 본다. 어둠이 사라지면서 붉게 물들기 시작한 하늘의 아름다움에 감탄하며 눈을 뜨고, 늦은 저녁에 어둠이 내려앉으면 창문을 열고 고요한 하늘을 올려다본다. 가끔은 영롱한 달빛이, 또 어느 날은 핸드폰으로 촬영해도 찍힐 만큼 반짝이는 별빛이 쏟아져 내리는 밤하늘을 올려다본다. 마치 샴페인의 반짝이는 버블 같아서 샴페인 한 잔 마실까 하는 생각이 나를 자꾸 유혹한다. 내가 이곳에서 이 모든 것과 함께할 수 있음에 기쁘고, 샴페인을 만나 내 삶이 이렇게 흘러온 것에 나도 모르게 가슴이 뭉클해지곤 한다.

앞서 Champagne Barrat Masson의 Aurelien과의 대화 중에 이런 문장이 있었다.

"마음의 소리를 듣고 결정하고 행동했으면 해. 설령 그 결과가 누군가에게 인정받지 못하거나 비판을 받더라도 말이야. 다만 누군가에게 피해를 주는 잘못된 행동만 아니라면, 나는 나에 대한 모든 비판을 감수하고 있고 그것에 크게 신경 쓰지 않아. 오히려 그들이 나와 다르거나, 아직 이해하지 못해서라고 생각해 버려. 내가 만든 샴페인이나 포도 재배에 대해서도 처음에는 부정적인 사람들이 많았어. 하지만 지금은 그렇지 않아. 물론 여전히 있겠지만, 그건 단지 서로의 생각과 취향이 다를 뿐이야. 그러니 비판하거나 존중하지 않는 사람들은 뒤로하고 앞으로 나아갔으면 해. 만약 샴페인을 만들기 시작하거나 다른 프로젝트를 하고 있다면, 스스로를 믿고 자신의 아이디어에 확신을 갖고 행동하기를 바래. 정말로 무언가를 하고 싶다면 망설일 이유가 없어.

샴페인 하나만 보고 앞으로 가기로 결심했지만, 주변 사람들은 내가 가려는 길에 부정적인 결과만 있을 거라고 조언했다. 그럼에도 불구하고 마음의 소리대로 행동했지만, 방법을 몰라 앞이 보이지 않았던 시기에는 끝없는 생각들이 새벽까지 내 머릿속을 채웠고, 행동이 아닌 생각이 나의 하루를 지배하며 점점 우울해질 때 이런 글을 쓴 적이 있었다.

'눈물이 날 만큼 너무나 아름다운 파리, 그래서 외로워지는…'

내가 좋아하는 한 가지에 미쳐서 그것밖에 보이지 않는 삶을 살고 있지만, 그 일이 너무 아름다워서 오히려 외로울 때도 있다. 이 길의 끝은 알 수 없는 안개에 둘러싸여 있는 것 같아 아슬아슬하고 두렵기도 하다.

때로는 이불 밖으로 나가는 것조차 힘들 때가 있었지만, 그럴 때마다 나는 샴페인을 마시며 위안을 얻었다. 샴페인과 함께하는 미래를 꿈꾸며 하루하루를 버텼고, 그 꿈을 향해 망설임 없이 나아갔다. 그 열정으로 매일을 살아냈고, 지금도 그렇게 살아가고 있다. 그 모든 순간과 경험이 이제 한 권의 책으로 결실을 맺었다.

이 책은 와인의 전문적인 지식이나 테크닉을 다루는 입문서는 아니다. 그보다는 샴페인을 비롯한 와인이 자연과 인간의 협력으로 탄생하며, 궁극적으로는 모두에게 행복을 주는 음료라는 점에 초점을 맞추고 있다.

책에는 샴페인과 함께한 추억, 생산자들과 보낸 시간, 그들의 철학과 일상이 담겨 있다. 때로는 지나친 것이 아닌가 싶을 정도로 커진 샴페인에 대한 애정과 열정이, 오히려 고독했던 순간들과 어우러져 이 책이라는 하나의 작품으로 완성되었다. 어느새 샴페인은 내 삶의 중요한 부분이 되어버렸고, 그 여정이 이 책에 고스란히 담겨있다.

지금 이 순간에도 샹파뉴에는 많은 변화가 일어나고 있다. 잠시 사라진 듯했던 Fine de Champagne 증류주가 다시 부활하고 있으며, 최근 1년 사이 갑자기 포도나 벼로 위스키와 진을 만들기 시작했다. 여기서